记忆精进
如何成为一名记忆高手

甘考源　苏泽河　著

中国纺织出版社有限公司

内 容 提 要

或许你听说过理解记忆、绘图记忆、形象记忆等词汇，但你一定很少在身边见到能够1分钟内记住一整副扑克牌、5分钟内记住500个随机数字的记忆高手。那些在舞台上闪闪发亮的"最强大脑"，到底是天生的记忆奇才，还是习得了某种鲜为人知的记忆秘籍呢？翻开这本书，让国际特级记忆大师甘考源和第25届世界脑力锦标赛世界总冠军苏泽河为你讲述脑力高手的记忆诀窍。这本书不仅讲述词语、数字、英语单词的记忆方法，还邀请了国内顶尖记忆高手们分享成为记忆大师的真实故事。相信每个人都能从中得到启发，受到鼓舞。

图书在版编目（CIP）数据

记忆精进：如何成为一名记忆高手 / 甘考源，苏泽河著.--北京：中国纺织出版社有限公司，2022.10
ISBN 978-7-5180-9717-3

Ⅰ.①记… Ⅱ.①甘… ②苏… Ⅲ.①记忆术—通俗读物 Ⅳ.①B842.3-49

中国版本图书馆CIP数据核字（2022）第134424号

责任编辑：郝珊珊　　责任校对：高　涵　　责任印制：储志伟

中国纺织出版社有限公司出版发行
地址：北京市朝阳区百子湾东里A407号楼　邮政编码：100124
销售电话：010—67004422　传真：010—87155801
http://www.c-textilep.com
中国纺织出版社天猫旗舰店
官方微博 http://weibo.com/2119887771
天津千鹤文化传播有限公司印刷　各地新华书店经销
2022年10月第1版第1次印刷
开本：880×1230　1/32　印张：6.75
字数：152千字　定价：55.00元

凡购本书，如有缺页、倒页、脱页，由本社图书营销中心调换

关于人类的记忆能力，相信很多人心中都有一个疑问，那就是："人的记忆能力难道不是天生的吗？难道还能够通过后天的方法去改变吗？"可以很负责任地告诉大家，人的记忆能力确实可以通过后天的训练得到改善，或者说，我们可以通过一定的方法和方式去提高记忆的效率。

在读书时代，我们也曾经是被记忆困扰的学生，对于知识经常记了又忘、忘了又记，直到学习了记忆术之后，才打开了一片新的天地，最终实现了逆袭！

在本书当中，我们不仅会教授大家快速记忆语文、英语等学科内容的记忆方法，还会为大家揭开世界记忆锦标赛以及那些记忆大师和专家们背后的秘密。学习完本书的内容之后，你会发现，以前你眼中非常羡慕的那些"最强大脑"们的"超能力"，原来是后天培养出来的！只要你认真掌握接下来的学习内容，那么你也可以成为最强大脑。

除了本书中可以学习到的记忆知识，更多记忆知识可以关注微信公众号"苏是苏泽河"和"记忆小师甘考源"。接下来我们带领大家一起走进神奇的记忆世界！

甘考源　苏泽河

2022 年 5 月

目录

输入　提取

第一章　大脑的奥秘

第一节　了解大脑

人类之所以能成为世界上最聪明的动物之一，是因为我们体内有着一部极为精密的"仪器"，那就是——我们的大脑。关于人类的大脑其实还有很多的奥秘没有被解开，尽管科学家不断进行研究，但是对于大脑的秘密我们仍然还知之甚少。如果未来人类大脑的秘密能被百分百地揭露，那么也许人类的大脑就会变得像电脑一样，拥有异常强大的记忆力和计算能力，所有的知识我们也许只需要看一遍就能牢牢地记在脑海当中，储存的知识将会帮助我们创造一个全新的科技世界。

小时候，我的父母总会告诉我，学习的时候要多用脑子，只有这样才能学得更轻松。许多教育专家和老师倡议要科学用脑，但是他们从来没有具体说过如何去科学用脑。如果你连你的大脑都不太认识，那么其实你很难做到在学习的时候科学用脑。

为什么这样说呢？就好比你在使用一台笔记本电脑的时候，哪个是键盘？哪个是鼠标？哪个是屏幕？当你连这些事物都不认识的时候，你就很难去发挥出一台电脑强大的功能。在使用大脑的时候也是如此，想要更加高效地使用我们的大脑，让学习更加轻松，那么首先你得了解一下自己的大脑，看看它的结构和规律是什么样的吧！按照大脑的喜好和规律去使用它，你就会发现原来学习也不是一件难事！接下来我们就一起来了解一下我们神秘的大脑吧！

我们的大脑主要包括左、右半球，是中枢神经中最大和最复杂的结构，也是最高级的部位；是调节机体功能的器官，也是意识、精神、语言、学习、记忆和智能等高级神经活动的物质基础。大脑半球表面呈现不同的沟或裂。沟、裂之间隆起的部分叫脑回。人体功能在大脑皮质上对应不同的部位，如感觉区、运动区等在大脑皮质上都有对应位置。实现大脑皮质的感觉功能和调节躯体运动等功能。

人类有语言和思维，中枢偏于皮质左侧，称为优势半球。如果这些中枢受损将产生与语言有关的症，如运动性语言中枢受损，患运动性失语症，虽然与发音有关的肌肉未瘫痪，患者却不能说话；若视运动性语言中枢受损，患失写症，虽然手部及其他运动功能仍然正常，但不能做书写绘画等精细运动；若听觉性语言中枢受损，可患感觉性失语症，患者能听到别人讲话，但不理解所听到的内容。

由此可见，大脑当中的每一个部位其实都和我们的学习、运动和感觉等息息相关，当大脑当中的某个部位受损的时候，你在某方面的能力就会出现障碍。而如果想要让我们的各项能力都得到最佳的发挥，那么保护大脑就至关重要了，并且也要注重为我们的大脑补充营养。

第二节　大脑喜欢的食物

平时可以多吃哪些食物为我们的大脑加油助力呢？

多进食一些含有胆碱的食物。人脑中含有大量乙酰胆碱，记忆力减退的人大脑中乙酰胆碱的含量明显减少，老年人更是如此。补充乙酰胆碱是改善记忆力的有效方法之一。鱼、瘦肉、鸡蛋（特别是蛋黄）等都含有丰富的胆碱。

补充卵磷脂。卵磷脂能增强脑部活力，延缓脑细胞老化，并且有护肝、降血脂、预防脑中风等作用。蛋黄、豆制品等含有丰富的卵磷脂，不妨适量进食。

多食碱性和富含维生素的食物。碱性食物对改善大脑功能有一定作用。豆腐、豌豆、油菜、芹菜、莲藕、牛奶、白菜、卷心菜、萝卜、土豆、葡萄等属碱性食物。新鲜蔬菜、水果，如青椒、金针菜（黄花）、荠菜、草莓、金橘、猕猴桃等，都含有丰富的维生素。

补充含镁食品。豆类、荞麦、坚果类、麦芽等含有丰富的镁。

有条件的话，可适当进食人参、枸杞、核桃、桂圆、鳝鱼等补益食品。核桃仁是补肾固精、滋阴强壮的食品。它含有人体所需的多种维生素和微量元素，对人的大脑神经有益，是神经衰弱健忘者的辅助治疗剂。凡健忘者，可坚持每天早、晚吃 1~2 个核桃，也可经常用核桃仁同大米煮粥食用。

营养学家指出，经常食用以下常见的食品（*按补脑的营养含量排列*），对健脑很有好处。

蛋类：如鹌鹑蛋、鸡蛋。鸡蛋含有丰富的蛋白质、卵磷脂、维生素和钙、磷、铁等，是大脑新陈代谢不可缺少的物质。另外，鸡蛋所含有的较多的乙酰胆碱是大脑完成记忆所必需的。因此，每天吃一两个鸡蛋，对强身健脑大有好处。

动物肝、肾脏：它们富含铁质，而铁质是红细胞的重要组成成分。经常吃些动物肝、肾脏，体内铁质充分，红细胞可为大脑运送充足氧气，有效地提高大脑的工作效率。

鱼类：可为大脑提供丰富的蛋白质，不饱和脂肪酸和钙、磷、维生素 B_1、维生素 B_2 等，它们均是构成脑细胞及提高其活力的重要物质。

大豆和豆制品：有约 40% 的优质蛋白质，可与鸡蛋、牛奶媲美。同时，它们还含有较多的卵磷脂、钙、铁、维生素 B_1、维生素 B_2 等，是理想的健脑食品。

小米：含有较丰富的蛋白质、脂肪、钙、铁、维生素 B_1 等营养成分，有"健脑主食"之称。小米还有能防治神经衰弱的功效。

硬果类：包括花生、核桃、葵花子、芝麻、松子、榛子等，含有大量的蛋白质、不饱和脂肪酸、卵磷脂、无机盐和维生素，经常食用，对改善脑营养供给很有益处。

黄花菜：富含蛋白质、脂肪、钙、铁、维生素 B_1，均为大脑

代谢所需要的物质，因此，它被人们称为"健脑菜"。

枣：中含有丰富的维生素 C，每 100 克鲜枣内含维生素 C 380~600 毫克，酸枣中达 1380 毫克。

需要注意的是：糖不宜多吃。因为糖进入血液中，可使血液浓度升高，血流速度减慢。血流速度变慢不利于神经系统的信息传递，从而使头脑反应迟缓，甚至会引发脑血栓。

第三节　左右脑的功能分区

接下来，笔者将问大家两个问题，第一个问题，想不想自己的大脑随着年龄的增长反而变得越来越灵活，越来越聪明？如果想，请举起你的左手；第二个问题，想不想在今后的学习、生活和工作当中可以花更少的时间创造更多的价值？如果想，请举起你的右手。这个时候我们一起来思考一下，当我们举起左手的时候，是哪个大脑在控制？当我们举起右手的时候，是哪个大脑在控制？左脑还是右脑？

1981年，诺贝尔奖的获得者罗杰·斯佩里博士曾经做了一个非常著名的割裂脑实验。在割裂脑实验中，斯佩里博士将大脑左右半球之间的胼胝体割断，发现外界的信息传到大脑皮层的某一部分后，不能同时又将此信息通过横向胼胝体纤维传至对侧皮层相对应的部分，虽然大脑中每个半球仍然能够各自独立地进行活动，但是左右脑之间彼此不能知道对侧半球的活动情况。在1952年之后的10年当中，斯佩里先后用猫、猴子、猩猩等动物做了大量的割裂脑实验，对左右脑有了更深的了解。在有了大量的动物实验数据以及经验之后，从1961年开始，斯佩里把"裂脑人"作为研究大脑两半球各种机能的研究对象，对"裂脑人"进行了一系列的实验研究，发现了人类左右脑功能的不同。

斯佩里博士发现，人类的左右脑虽然在形状结构上基本相同，但是在具体的功能分区上有一定差别，*左脑主要负责逻辑、语言、数学、*

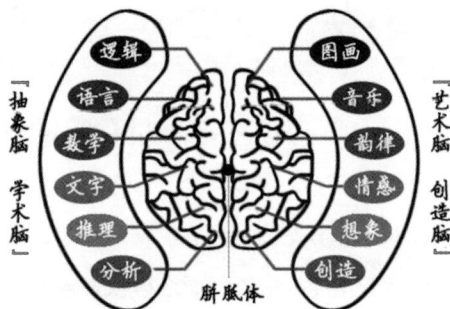

*文字、推理和分析，而右脑主要负责的是图像、音乐、韵律、情感、想象和创造。*左脑发达的人，逻辑推理能力会更强，因此我们的左脑也被称为逻辑脑。而右脑发达的人，在艺术方面会有更高的成就，因而我们的右脑也被称为艺术脑或者是创造脑。

一般来说，左撇子的右脑会更加发达。所以，如果你想要锻炼自己的右脑，可以在平时的生活中多去锻炼左手，比如尝试着用左手写字，用左手夹菜、扫地、洗衣服等。当然，多去锻炼左手并不代表你要放弃使用右手，而是要在保持右手习惯的基础上刻意去锻炼一下自己的左手。

第四节　记是输入，忆是提取

在了解完我们的大脑之后，接下来我们重新认识一下什么是记忆？记忆是人脑对经历过事物的识记、保持、再现或再认，它是进行思维、想象等高级心理活动的基础。人类记忆与大脑海马结构、大脑内部的化学成分变化有关。

我们常说的记忆，其实指的是一个过程。记忆主要分为"记"和"忆"两个过程，"记"就是对知识的输入，而"忆"就是对所存储的信息的提取。我们可以把记忆的过程比作存钱和取钱。记的时候就是将知识这种"金币"存入我们的储存罐——大脑中；忆的时候就是从我们的"储存罐"里把存入的"钱"拿出来。而在记忆的过程中，如果我们无法将储存罐的知识提取出来，就是所谓的遗忘。

*如果想保持记忆的长久性和牢固性，则需要我们在记的时候将知识存在正确的位置，回忆的时候从正确的位置上找回我们存入的内容。*只有正确地对知识进行"记"和"忆"，我们才能减少遗忘现象的发生。具体的方法我们将在后面的内容中教给大家。

输入　　　　提取

记忆属于心理学和脑科学的研究范畴。数十年来，心理学家和脑科学家们一直在致力于人类记忆的研究，希望能揭开人类记忆的奥秘，克服人类遗忘的现象。然而，大脑是世界上最复杂的器官，虽然多方的研究让我们对它有了一些了解，但是关于人类大脑以及记忆的秘密我们仍然知之甚少。人类仍然很难通过科技变得终生不忘，至少以目前的科技水平我们还无法做到。但是，我们可以依据已知的记忆与遗忘的规律以及一些科学的记忆方法来减少遗忘现象的产生，让我们的记忆内容可以保持得更长久。

在当今世界，有那么一群人，他们掌握着某种"记忆秘术"，不仅能够在2分钟的时间内记下上百个随机数字、词语或者是字母，还能够将《新华字典》《成语词典》以及《牛津词典》等内容全部记忆下来。这些人就是活跃在世界记忆锦标赛上的"世界记忆大师"们。世界记忆大师们让我们对人类的记忆有了新的认知。他们是天生拥有记忆天赋的天才还是后天训练出来的记忆超人呢？答案是，都是后天训练出来的。那么他们是如何拥有这种不可思议的记忆能力的呢？具体的方法大家将在后面的内容中学习到。

第五节　为什么我们会遗忘

为什么人类会遗忘？假如人类能够真正做到过目不忘，那我们的学习过程应该会无比轻松。只有对遗忘的原因了解得更加深入，我们才能懂得如何去避免遗忘。

对于人类遗忘的现象，心理学家给出了一些解释，分别是消退说、干扰说、压抑说、提取失败说。

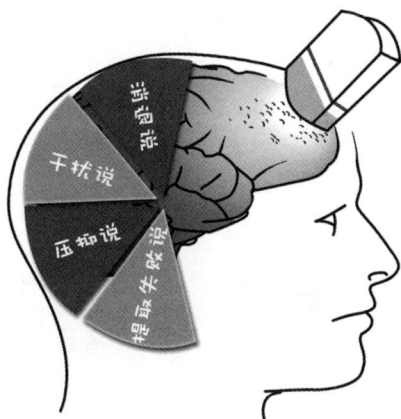

消退说： 这种理论认为，人们学习了新知识以后，如果不经常性地加以强化巩固复习，那么记忆就会逐渐地消退、减少直到消失。

干扰说： 这种理论认为遗忘是因为学习和回忆的时候受到其他信息的干扰和刺激所致。这种理论可以用前摄抑制和倒摄抑制来说明。前者是先学习记忆的材料会对后识记和回忆学习材料产生干扰作用，后者是指后学习的材料会对保持回忆先学习的材料产生干扰作用。

压抑说： 这种理论认为人之所以遗忘是因为我们的情绪或者动

机压抑导致的。当我们能够接触这种压抑的时候，我们就自然能够回想起之前记忆的信息。

_提取失败说：_从信息加工的角度来看，遗忘是因为我们无法提取记忆过的信息，或者是我们在回忆的时候缺乏线索，从而导致提取失败。

第六节　艾宾浩斯遗忘曲线

德国著名的心理学家艾宾浩斯通过研究发现了人类记忆的遗忘规律。他对我们在学习新知识的时候，对知识的保持程度以及时间做了一个科学测算，得到了著名的艾宾浩斯遗忘曲线规律。

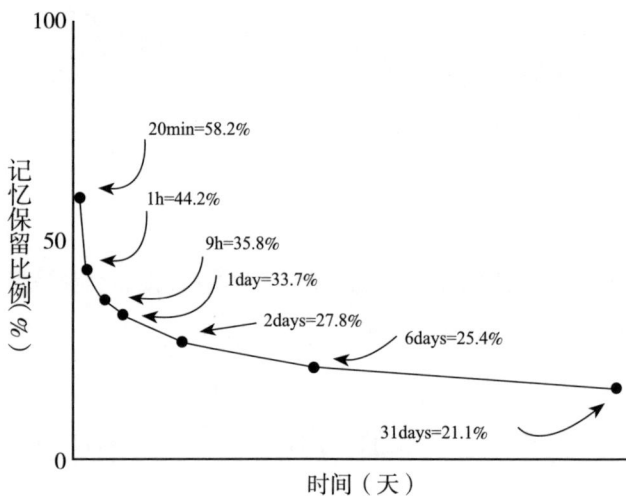

艾宾浩斯遗忘曲线

如果按照遗忘的规律进行复习，我们可以在知识即将遗忘的时候加以巩固，从而达到事半功倍的效果，有效地提高我们的记忆效率。

根据人记忆信息所维持时间的长短，我们可以将人类的记忆类型分成三种，分别是瞬时记忆、短时记忆和长时记忆。

瞬时记忆的维持时间极短，比如，你行走在路上，遇到了很多路人，当他们在你面前的时候，你会大概记得他的样子，当你们擦肩而过后，你基本上就已经忘记了他们长什么样了。

比瞬时记忆时间维持得长一点的叫作短时记忆。短时记忆的保持时间也很短，但是比瞬时记忆长。比如，别人突然报了一个电话号码给你，而恰巧你当时手中没有纸和笔，这个时候你就需要用你的记忆能力把这个电话号码给 记忆下来。再过了几分钟之后，你就会发现自己基本上已经将电话号码忘得一干二净了，这就是短时记忆。

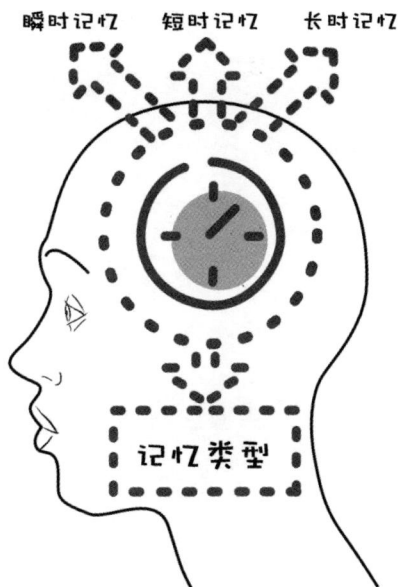

什么叫作长时记忆呢？就是某些信息一旦我们记忆下来，无论

时间过了多久，我们在回忆的时候仍然会记忆犹新，不会忘记。比如，"我爱你"的英文怎么说？相信大家都能脱口而出对吗？这就是长期记忆。

从现实角度来说，对抗遗忘的主要逻辑是根据我们大脑的规律，通过一定的方法来将我们的短期记忆转化成长期记忆。这就是记忆术要解决的问题。

第二章　神奇的记忆世界

第一节　记忆术的底层逻辑

记忆在心理学、神经语言程序学等方面都有不同的定义，而在脑力界，我们把记忆称为一种创造联结的艺术。在上一章中，我们已经讲过人类的大脑分成左脑和右脑，而右脑的记忆能力是左脑的10倍以上。

举个例子，请大家想象一下过去的经历当中，有没有和别人吵过架，并且吵得很凶、吵得脸红脖子粗。相信你对当时的场景会记得尤其深刻，但是当时吵架的内容你还记得吗？基本上已经忘记了吧？这是因为吵架的这个场景是图像性的内容，它储存在我们的右脑当中；而所说的话是文字类信息，会储存在我们的左脑当中，而右脑的记忆能力是左脑的10倍以上，所以我们会对吵架的场景记忆深刻，而对吵架的内容，即文字类信息忘得比较快。

记忆术就是利用人类右脑的潜力，将抽象性的文字转化成图像来进行记忆，从而提升记忆的效率，达到事半功倍的记忆效果。在记忆实践中我们发现，对于经历过的夸张、荒诞、恐怖或者是伤心的一些事我们会记得尤其深刻。比如，若你曾从万里高空带着降落伞一跃而下，又或者是曾经因为心爱的人离开你而悲痛欲绝，这些体验相信你一辈子都不会忘记。

而记忆术就是巧妙地采取夸张、荒诞、恐惧等方式将所要记忆的内容加工成令人印象深刻的画面，从而帮助我们更加快速地将知识记忆得更加牢固的一种方法。

第二节　高效的图像记忆

在人类的记忆信息当中，我们对图像类信息更为敏感，印象更深刻。

在社交场合，我们可能会对某些只有一面之缘的人感到似曾相识，或者记得曾在某个场合见过他，却很难想起他的姓名。

我们会对拍摄成电视剧的某些历史故事印象深刻，却对书写在纸面的历史事件过目即忘。无论在文字描述中某个人如何面目狰狞，都不如他直接出现在你的面前让你印象深刻。

这就是大脑的特性，它更喜欢图像类信息，而对枯燥的文字类信息比较不敏感，所以将抽象的信息转化成形象的图画进行记忆，是所有的世界记忆大师以及《最强大脑》的选手们都会使用的一种方法，即图像记忆法。

图像记忆之所以更加高效还有一个原因，就是人天生更喜欢看

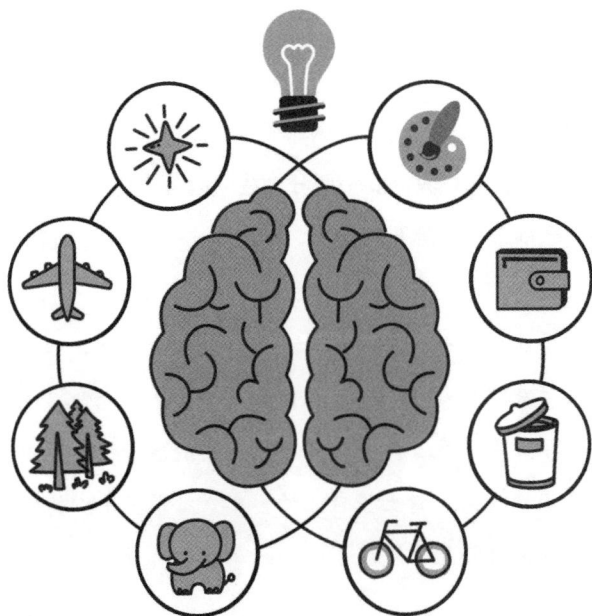

图像。若你眼前有电视剧和书本（它们的剧情和内容相同，只是形式不同），你会选择哪一个？相信 99.99% 的人都会选择看电视剧，因为看画面让我们觉得更加有趣，而人会对感兴趣的内容印象更加深刻。

以下有一些词汇，我们来看看大概需要多久时间能够记住。

飞机	大象	钱包	大海	猴子	森林	单车
垃圾桶	行李箱	武器	纸巾	学生	星星	公路
衣架	书包	衣服	汽车	强大	记忆	

在没有运用任何记忆方法的情况下，不知道你记下这些词语花了多长时间，又看了几遍呢？你会发现，上面的词语虽然不是很多，但是你也花了不少的时间来记忆。其实记住这些词语可以很简单，只需要看一遍，并且只需要一两分钟我们就可以记在脑海中。是不是真的这么神奇呢？接下来我们一起来尝试一下，发挥自己的想象能力，去编个小故事。

万里高空中，有一架飞机正在飞行。这个时候，从飞机上跳下来一头大象，这头大象的鼻子上吸着一个钱包，但是没有吸住，钱包掉进了大海里面，被一只在海边玩耍的猴子捡到了。猴子连忙跑到了森林里面，骑上了自己的单车，结果不小心撞倒了一个垃圾桶，在垃圾桶里面发现了一个行李箱。打开行李箱一看，竟然发现了一把武器。这把武器射出了很多的纸巾，打到了一个学生。这个学生正在天上摘星星，没有摘到结果自己掉到了公路上。在公路上捡到了一个衣架，上面挂着一个书包，书包里面装着很多的衣服，衣服的口袋里面装着一辆汽车。这辆汽车很神奇，可以让你拥有强大的记忆力。

接下来我们可以闭上眼睛回想一遍整个故事，看看你记住了吗？有没有发现，同样的信息，当我们用死记硬背的方法的时候需要记忆很久并且要重复好几遍才能记住，但是当我们将这些内容和信息转化成生动有趣的画面的时候，只需要一遍就牢牢记住了。所以，记忆的核心就是将我们要记忆的所有抽象的文字、数字或者英文都转化成生动形象的画面！这就是记忆方法里面常见的故事法！

第三节　记忆前，先启动大脑

就像在进行激烈运动之前需要做热身运动一样，在我们正式进行记忆之前，也需要先做一些准备工作，让大脑达到最佳状态，从而提升我们的学习效果。

进行冥想：冥想是一种非常好的放松身心的方式，通过冥想，我们可以调整自己的生理和心理状态，让大脑达到一个更轻松的状态。我们可以找一个安静无人的地方，放一些空灵的音乐，然后调整自己的呼吸，集中注意力进行冥想。

多看图片：增强自己的图像感。在右脑记忆的过程中，我们非常依赖图像，如果没有良好的图像感，我们很难运用好我们的右脑。在每次想象的时候如果遇到图像比较模糊、记不住的，我们可以去网络上找相关的图片来浏览，从而增强我们对图像的感觉。

联想记忆训练：记忆术其实就是创造联结的技术，所以联想能力是我们必须要掌握的一项技能。联想记忆训练可以从两两联结开始，在正式记忆之前，我们可以让别人给我们出十组两两对应的词汇，比如，飞机—书包，坦克—白云，小树—小丑，等等。在联想记忆之后，再让别人来考我们，比如，飞机对应的词语是什么？这是记忆的基本功，也是我们掌握记忆术必须要练习的基础。

回忆地点：地点是我们记忆信息的载体，在记忆的时候如果没有地点，信息就仿佛是悬浮在天上的空中楼阁，虚无缥缈，难以回忆。这也是很多时候我们会遗忘的重要原因。地点就是我们回忆的线索，回忆的线索清晰并且有序很重要。

第三章　大脑测试

第一节　记忆力测试

在开始正式学习之前，测试一下你的基础记忆能力。

（一）数字

先来尝试着记住以下这串数字：

> 3797419

现在遮住这串数字，看看自己记忆下来没有。

相信绝大多数人都能够毫不费力地记忆下来！

这只是简单的联想、简单的记忆、简单的热身运动，接下来我们来增加一点难度，挑战一串更长的数字（给自己倒计时 1 分钟）。

47183758710374982735619023098375013

现在同样遮住以上这串数字，看一下自己记下来多少内容。

（二）字母

尝试一下其他类型的信息内容，看看自己能够记住多少。还是一样，先来记比较短的：

FLAJSDGJS

现在遮住这些字母，看看自己记住了多少。

再来尝试一下记住长一点的内容（1分钟）。

JDKSAJKGAKSJDFAJSKLJDGADKJFLKJSDKGA

现在将刚刚所记忆的内容默写下来。

（三）词语

现在,我们一起来尝试记忆最后一种类型的信息——中文词汇。

风雨　　宇宙　　小树　　书包　　强壮　　哪吒　　水壶

遮住上面的内容，尝试着默写。

接下来，我们挑战记忆更长的信息（1分钟）。

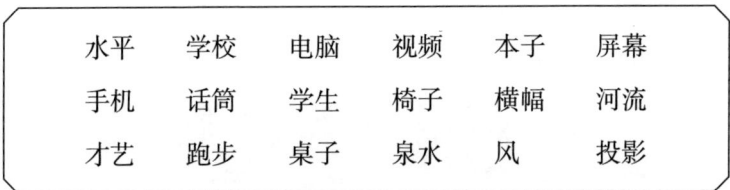

水平	学校	电脑	视频	本子	屏幕
手机	话筒	学生	椅子	横幅	河流
才艺	跑步	桌子	泉水	风	投影

遮住上面的内容，进行默写，看看自己记住了多少。

测试结果

如果你能在 1 分钟以内记住 5~9 个信息，说明你的记忆能力是正常水平。

如果你能记住 10~15 个，说明你的记忆力属于优秀水平。

如果你能记住全部内容，说明你是个懂得运用记忆方法的人。

现在让我们回顾一下刚刚记忆的内容。我们分别尝试了记忆随机数字、随机字母以及中文词汇，看看自己写下的答案，统计一下分别写下了多少个。*仔细地观察一下数据，在你没有运用任何记忆方法的时候，各种信息你是不是只能记住 7±2 个？这就是神奇的记忆魔力之七。1956 年，美国心理学家乔治·米勒通过研究发现，人在短时间内能够记住的信息单位容量在 5~9 个，超过这个区间我们就很难记住了。*

这个时候，你的内心会不会有这样的疑问：为什么对于很短的内容，我们基本上只要几秒钟就能记下来，而对于比较长的内容却很难记下来，或者在某一刻我们认为自己记住了，而转眼之间又忘了。

这可能是由于记忆的后摄抑制或前摄抑制导致的。太多的记忆内容相互产生干扰，导致无法顺利保持。

我们可以把人类的大脑比喻成一座图书馆，如果图书馆里的书一堆堆地混在一起，我们很难找到想要看的书籍，或者在找的过程中需要花费很长的时间；而如果图书馆里的书都是分门别类放在有一定排序的书架上的，当我们想要看经济类书籍的时候，就直接到经济类书籍的架子上找，很快就能找到想要的书。所以，学会在学习的时候进行整理归纳非常关键。

第二节　注意力测试

人具有将心理活动指向和集中于某种事物的能力。无论学习哪一类知识，保持注意力都是非常重要的一项能力。我们只有在学习的时候保持注意力，才能达到事半功倍的学习效果。

在记忆的过程中，只有保持专注，我们才能获得最好的记忆效果。如果在记忆的时候不能保持专注，记忆的效果就会大打折扣。在进行正式的记忆力训练之前，我们先一起来测试一下大家的注意力怎么样吧！

用手指按 1~25 的顺序指出表格上相应数字的位置，并用秒表给自己计时，看看自己数完这 25 个数需要多长的时间。

10	14	20	19	8
22	1	7	15	25
3	11	21	9	17
12	23	4	16	2
5	13	6	24	18

这个测试工具叫作*舒尔特表格*。在实际使用中，我们可以在表格中随机填入 1~25 的数字，测试者数完 25 个数字所用时间越短，则表明注意力水平越高。在这个测试当中，会分出不同的组别，组别不同，对应的标准就不一样。

5~7 岁年龄组：达到 30 秒以下为优秀，46~54 秒属于中等水平，55 秒以上则代表注意力比较不集中。

7~12 岁年龄组：能达到 20 秒以下为优秀，注意力非常集中；36~44 秒属于中等水平，注意力一般，45 秒以上则表示注意力比较不集中。

12~14 岁年龄组：能达到 16 秒以下为优秀，26~35 秒属于中等水平，36 秒以上注意力比较不集中。

18 岁及以上：最好可达到 8 秒的水平，20 秒左右为中等水平。

如果第一次的测试成绩不太理想，没有关系，我们可以经常进行舒尔特方格表的训练，训练得多了，所花的时间会越来越短，注意力以及视幅都会得到一定的增强。如果你的注意力相对来说比较差，就可以通过这种训练去提高自己的注意力。当我们的注意力越来越集中的时候，记忆的效果也会越来越好。

下面，我准备了几个舒尔特表供大家训练：

24	7	14	23	6
2	13	1	15	5
18	8	12	21	25
19	4	16	3	11
9	17	20	10	22

21	7	17	6	23
16	2	12	22	13
4	20	8	5	25
18	3	15	9	14
10	19	11	1	24

21	2	15	23	24
7	8	22	3	20
13	1	9	17	10
6	12	16	4	19
14	5	11	18	25

25	2	19	11	22
12	17	7	15	3
6	20	1	24	21
13	8	23	16	9
5	18	14	4	10

注意力是学习的基础，也是在记忆的过程中非常重要的一项能力。如果一个人注意力相对较差，上课老爱走神，那么他在学习的时候能够记忆并吸收的知识是非常有限的。所以，如果我们经过测试发现自己注意力相对较差，就可以先做一系列的注意力训练来提高自己的注意力，这样我们才能在进行记忆的时候更加高效。

第四章　夯实记忆基本功

第一节　想象力训练

在学习完前面的理论知识之后，接下来我们就将正式进入记忆方法的学习。之前的内容当中我们也提到过，记忆术之所以比传统记忆方法更加强大，是因为记忆术将要记忆的各种抽象信息转化成具体的图像去记忆，符合大脑的喜好。而记忆法，就是教我们如何将要记忆的知识在脑海当中转化成图片记住的方法。

我们想象的画面越是天马行空、越是夸张，记忆的效果就会越佳。所以接下来我们会从基本的想象力以及两两联想开始学习。牢牢掌握住下面的基本功，后面的记忆方法掌握起来才会更加迅速和扎实。

爱因斯坦曾经：想象力比知识更加重要。对于记忆也是如此，运用我们的想象力去记忆信息的时候，记忆的印象会更加深刻。

人的大脑究竟对什么内容的印象会更加深刻呢？在日常生活和学习的过程中，我们曾经记忆过很多内容，但是在回忆的时候我们却将这些东西都忘得差不多了。然而，对于生活当中发生的一些奇特的事，我们却能够记得格外牢固。比如，平常你见到的都是个子和你差不多的人，有一天你突然见到了一个两米多高的"巨人"，我相信哪怕很长时间过去了，你对那个"巨人"也会有印象。再如，你曾经看到过一条狗在路上跑，这不会给你留下多么深刻的印象，但是如果街上同时有100条狗朝你跑过来，我相信你一定会终生难忘。我们会发现，对于那些奇特的事，大脑会记得更牢。我们在用记忆法进行记忆的时候，其实也可以发挥自己的想象力，将想要记忆的信息转化成奇特的画面，这样我们就能够很牢固地将知识记忆下来。

想要让事物变得奇特，有以下三个窍门。

（一）夸张

我们在想象一个事物的时候可以从数量、形状、大小等各个方面去对原物体进行一定改变。具体如下。

1.数量

在进行想象的时候，我们可以从数量变多或者变少两个方面来进行改变，从而达到夸张的目的。

平常 VS 夸张

一只蚂蚁爬到了大象的身上。	成千上万的蚂蚁爬到了大象的身上，密密麻麻地爬满了。
在地上捡了一块钱。	在地上到处都是一块钱的纸币，我捡了一万多张，书包都装不下了。

你也来试试看：

平常 VS 夸张

我吃了一颗糖。	
做了两个俯卧撑。	
修了一台手机。	

2. 大小

当我们遇到一些物体的大小在生活中不常见的时候，我们的印象会非常深刻。比如：

平常 VS 夸张

一辆巴士。	一辆竖起来比全世界最高楼还高的巴士。

平常 VS 夸张

一只老鼠。	一只能吃掉大象的巨大的老鼠。

你也来试试看：

平常 VS 夸张

一块小石头。	

一间小房子。	

一个玩偶。	

3. 形状

生活中某些物品的形状非常奇特，会让我们的印象格外深刻。

平常 VS 夸张

一辆普通的自行车。	这辆自行车的轮胎是方形的。

他的鼻子很漂亮。	他的鼻子像猪八戒的鼻子一样漂亮。

你也来试试看：

平常 VS 夸张

地球是圆的。	

平常 VS 夸张

一张桌子。	
一本书。	

4.速度

我们可以让物体的速度变快或者变慢。比如:

平常 VS 夸张

有个人在跑步。	有个人在高速公路上跑得比汽车还快。
我扔出去一支笔。	我扔出去的这支笔以子弹般的速度飞了出去,并且穿透了墙壁。

你也来试试看:

平常 VS 夸张

蜗牛在爬。	
蜜蜂在飞。	
小猫在跑。	

除了以上运用得比较多的夸张方式以外，其实还有其他很多夸张的方法可以帮助我们进行想象。比如，我们像超人一样会飞，一只猪长出了翅膀，一支笔长出了手和脚，等等。夸张是我们进行想象时经常会用到的一种方式，通过夸张想象记下来的内容一般都记得比较牢固。

（二）合二为一

当我们在联想两个相应的词语的时候，可以在脑海中用合二为一的方式让两个词语的图像产生联结，从而令记忆更加有趣。

比如：

甜筒＋蔬菜＝甜筒的冰激凌部分变成了蔬菜

苹果＋牛仔裤＝一个由牛仔裤做成的苹果

鼠标＋汽车＝鼠标上有四个轮子，变成了汽车的模样

你也来试试看：

飞机 + 冰箱 = _____

人 + 森林 = _____

书本 + 电视 = _____

书包 + 鞭炮 = _____

桌子 + 飞毯 = _____

鳄鱼 + 皮鞋 = _____

（三）与己有关

人对和自己有关的东西或者在自己身上发生过的事情印象格外深刻，尤其是可以触动自己内心一些情绪的画面，比如，引起恐惧、伤心、快乐、不安等情绪的场景。

例如：

我 ———→

别人 ———→   从 200 楼摔下去   ———→ 恐惧

                               ———→ 看热闹

你也来试试看：

我 ———→

别人 ———→   用拳头打破了一堵墙   ———→

                               ———→

我 ———→

别人 ———→   喝了一条河的水   ———→

                               ———→

我 ———→

别人 ———→   弹吉他划破了手   ———→

                               ———→

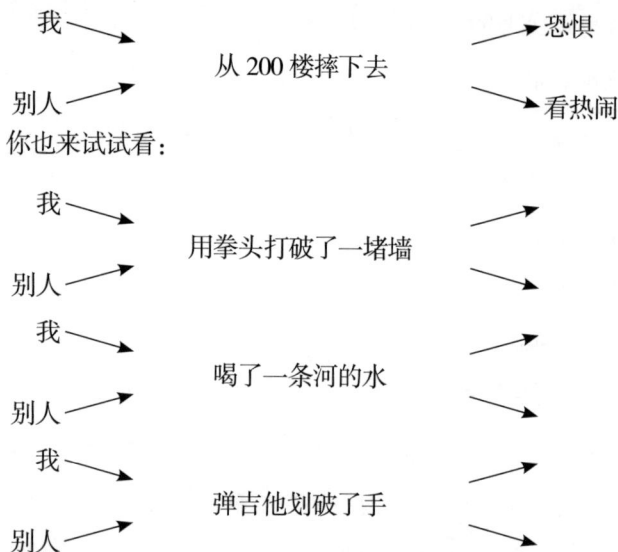

　　记忆法以想象力为根基，所有信息的记忆都是转化成图像，通过想象能力记下来的，所以想象力训练是记忆训练的核心与基础，想象能力越强，记忆力也会越棒！所以想要自己有个良好的记忆能力，那么想象力的训练必不可少。常加练习想象力，记忆能力一定会越来越棒！

第二节　两两联想大挑战

　　在学习记忆法的过程中，有一项必须要掌握的基本功，那就是词语之间的两两联想。这个过程是在锻炼大脑的快速联想能力和想象力，可以用我们上面学习到的发挥想象力的方法去进行词语间的两两联想，这样你就能快速地将信息记在脑海当中了。

词语之间的两两联想常用两种方式进行，第一种方式是通过逻辑理解的方式将词语记住，第二种方式就是通过想象联想的方式将词语记住。下面我们简单地讲解一下两种方式。

（一）逻辑理解

逻辑理解就是用理解的方式将我们要记忆的两个词语记在脑海中。

比如：教室—水杯　聪明—鱼　缓慢—老虎

第一组我们可以直接想到放在教室里的水杯，第二组可以想到一条聪明的鱼，第三组可以想到跑得特别缓慢的老虎。接下来考考自己，将对应的词语写出来，看你写对了吗？

（　　）—水杯　聪明—（　　）　（　　）—老虎

将对应的词语简单地理解一下从而联系在一起的方式，就是逻辑理解，利用这种方式你会发现自己不需要怎么动用想象力也可以将词语记住。接下来我们再讲讲用想象来记住词语的方式。

（二）想象联想

想象联想的方式就是发挥我们的想象力，通过比较夸张的方式将我们要记住的词语联想在一起。

比如：杯子—猫　电视—火箭　蛇—汽车

我们可以用上一节学习到的夸张奇特、合二为一、与己有关来进行联想。

杯子 + 猫
- 夸张奇特：一个比你还要巨大的杯子里关着一只猫
- 合二为一：杯子上贴了一只猫的图像
- 与己有关：我的杯子被猫舔了一口

电视 + 火箭
- 夸张奇特：电视里面飞出了一支火箭
- 合二为一：一架电视被改造火箭喷射发射出去了
- 与己有关：我家的电视被装到火箭上了

在实际的联想过程中，大家会发现，自己运用得最多的方法还是夸张联想，因为我们可以随意地发挥自己天马行空的想象力，不受任何限制，只要能记住的图像就是好图像。例如：

一条巨蛇吞掉了一辆汽车。

联想

蛇 + 汽车

联想

一条巨大的蛇缠住了一辆汽车。

你的联想画面越是天马行空，越是夸张，你就会记忆得越牢固。那么接下来，我们就一起来做个小练习吧！！

铅笔 + 小树 =_____

武器 + 星星 =_____

垃圾桶 + 火狐狸 =_____

行李箱 + 冰箱 =_____

学校 + 天气 =_____

相信你已经基本掌握两两联想的秘诀了，但想要把基本功掌握得更扎实，就需要多加锻炼。光说不练假把式，我们一起来训练吧！

第三节 实战训练（1）

接下来开始进行实战练习，用前面学习的方法来进行想象。比如：瓜子——鞭炮，可以想象：我们把瓜子吃进嘴里，然后它像鞭炮一样炸开了。在记忆的时候给自己计时，看看花了多少时间吧！

玉龙—香味　　　　欧洲—辣椒

老板—自恋　　　　布丁—生活条件

信—薄荷　　　　　雪碧—红花

迷你裙—自助餐　　沙丁鱼—房屋

太阳浴—啤酒　　　袋鼠—影片

土拨鼠—石头　　　丁香—辣椒

普通人—夜莺　　　翻译—夹克衫

马—豆腐　　　　　章鱼—突破

香烟—美洲豹　　　速溶咖啡—玩具

三文鱼—鹦鹉　　　腊肠—饮料

香港—小草　　　　主席—小鸟

犀牛—土司　　　　薪水—家庭收入

小鱼—水瓶　　　　汽车—竹子

加油—价值观　　　奶油—画眉

家庭—童工　　　　工作效率—染发

鲸—铅笔　　　　　乌龟—护手霜

白蚁—鳄鱼　　　　护发素—豪华

粉底—凤仙花　　　爱心—发胶

龙—笑话　　　　　更大—粟

拉链—沐浴露　　　卷发器—化妆

一香味	一辣椒
老板一	一生活条件
信一	雪碧一
迷你裙一	沙丁鱼一
一啤酒	一影片
一石头	一辣椒
一夜莺	一夹克衫
马一	章鱼一
一美洲豹	速溶咖啡一
一鹦鹉	腊肠一
香港一	一小鸟
犀牛一	一家庭收入
小鱼一	一竹子
一价值观	一画眉
一童工	工作效率一
一铅笔	乌龟一
白蚁一	护发素一
粉底一	一发胶
龙一	一粟
一沐浴露	一化妆

鱼—成功	蟹肉条—奴隶
国外—田地	影片—纽扣孔
加油—青椒	紧身女衫—小虾米
巧克力—武器	水手衫—榴梿
虾—领带	商人—大白菜
水果—浪费	旅途—放假
关灯—健康	鳕鱼籽—V形领
工作—炸弹	睡衣裤—另外
毛衣—状况	死亡—山竹
运动—大马	功能—仙人掌
山—高尔夫	弹钢琴—踢踏舞
篮球—小树	开关—磨砂
云—茄子	机器—卡丁车
迪斯尼—溜溜球	奥秘—拉力赛
衣服—便装	棋类—围棋
派对—呼啦圈	灯丝—软水管
桑葚—秘密	追星—辣妹
不健康—电费	牙膏—帆船
逃避—变压器	旗袍—黑莓
洗发精—网吧	蹦极—手套

鱼—	蟹肉条—
国外—	影片—
加油—	紧身女衫—
—武器	—榴梿
—领带	—大白菜
—浪费	—放假
关灯—	—V形领
工作—	—另外
毛衣—	死亡—
—大马	功能—
—高尔夫	弹钢琴—
篮球—小树	开关—
—茄子	—卡丁车
迪斯尼—	—拉力赛
衣服—	—围棋
—呼啦圈	—软水管
—秘密	追星—
—电费	牙膏—
—变压器	旗袍—
洗发精—	蹦极—

蛋卷—油桐籽	澳洲栗—昆士兰
品质—麻辣面	油豆腐—拖车
吉普车—急救车	经验—政权
乌鸫—纯咖啡	黑颈鹤—糯米饭
血浆车—可可	春卷—蛋炒饭
文凭—虾球	股份—教育部
模仿者—巨松鼠	露营车—天堂鸟
疟蚊—对话	狐鲣鱼—耶稣
刀削面—清障车	蜂蜜—保鲜奶
绿藻—甲虫	炼乳—短吻鳄
鱼—褐凤蝶	冬瓜茶—信天翁
滇金丝猴—高深	羊驼—下坡路
砀山梨—香草	精髓—公爵樱桃
因果—肉质果	鸡精—看法
水果刀—圣代	蟠桃—究竟
轮回—乐高	金橘—对立
苏打水—茶包	鲜荔枝—枣
色彩—影响	红茶—起步
猕猴桃—冲突	网友—椰奶
图书—苹果	计算器—台灯

蛋卷—	—昆士兰
品质—	—拖车
吉普车—	—政权
乌鸦—	—糯米饭
—可可	—蛋炒饭
—虾球	股份—
—巨松鼠	露营车—
—对话	狐鲣鱼—
—清障车	蜂蜜—
绿藻—	炼乳—
鱼—	冬瓜茶—
滇金丝猴—	羊驼—
砀山梨—	精髓—
因果—	—看法
—圣代	—究竟
—乐高	对立
—茶包	—枣
—影响	—起步
—冲突	—椰奶
图书—	—台灯

第四节　抽象转形象

在进行词汇两两联想的时候，你是不是发现有许多词语比较难想象出图像呢？如看法、究竟、起步等词语。没错，这些词语就是抽象词。我们可以大致将词语分成两大类：一类是形象词，另一类是抽象词。

形象词：看到之后就能在脑海当中想象出它的画面并且在现实中找到它对应的形象，如水杯、电视、大海、卫星等。看到这些词语，你是不是已经在脑海中想象出了它们的图像了呢？

抽象词：第一眼看到很难出图，并且在生活中也难以找到具体的对应形象，如开心、难过、效率等词语。"开心"这个词语也许能让你想象到一个开心的人的画面，但在现实生活中没有"开心"这个物体，所以它是一个抽象的词语。

在最开始进行记忆力训练的时候，我就发现容易出图的词语或句子记起来更加简单和轻松，如"慈母手中线，游子身上衣""故人西辞黄鹤楼，烟花三月下扬州"等；而那些抽象的词语和句子记起来所要花的时间更多，如"势者，因利而制形也""计利以听，乃为之势"等。对比前面的句子，你是不是觉得这两句更难记呢？

但是，如果我们能够将这些抽象的句子转化成形象的画面，它们同样也会变得很好记。比如，我们可以将"计利以听，乃为之势"谐音成"激励一听，奶为芝士"。经过这样转化之后，你是不是一下子就记住它了呢？这就是记忆法里面提倡的化难为易，也叫作抽象转形象。

相信在这个时候你内心一定会有疑问：这样的转化会不会让我

在回忆时出错或者让我误解句子的意思呢？答案是：不会。因为你的大脑远比你想象的更高级，你有能力将记下来的内容复原。当然，在使用这种方式记忆之前，一定要先理解原文的意思。

利用这种方式，我们可以记住很多以前觉得很难记忆的古诗、文言文、复杂的信息等。抽象转形象是一把利剑，只要我们能够掌握使用它的方法，那么在以后的记忆过程中就能所向披靡。

下面，我们来学习抽象转形象的具体方法。转换的方法有以下几种：谐音、代替和增减字。我们可以用一句话来记住这三个信息：鞋带增减。"鞋"指的是谐音，"带"指的是代替，"增减"就是增减字。

（一）谐音

谐音就是将抽象的词语转化成与其读音相似或者相同的形象的词语。比如，"时政"可以谐音成"时针"，"交代"可以转化成"胶带"，"经济"可以想到"金鸡"。

在记忆一些非常抽象的古文时，谐音法的用处非常大。牢牢掌握这种方法，那么你就会记得更加快速、更加牢固。但同时，谐音法对我们抽象转形象的联想能力要求较高，也需要我们有一定的知识积累。那如何做到遇到一个抽象词语就能快速想到谐音的形象词呢？很简单，我们可以通过看拼音填汉字的方式来联想。

比如"非常"，如果一时想不到这个词的谐音，我们可以将它的拼音写下来"feichang"，接着根据拼音在下面的空格中填上你能想到的汉字。

（　　　）　　（　　　）　　（　　　）　　（　　　）

如果这样还想不到，我们可以拿出自己的手机，打出"feichang"，借助拼音输入法进行谐音转换，如得到"肥肠"这个词。那么接下来，我们一起来练习一下吧！

将下面的抽象词转化成形象词。

抽象	形象	抽象	形象
进行		恐怖	
效率		惊吓	
凝结		珍惜	
价值		危机	
加强		幸福	
真相		研究	
背景		贸易	

答案参考：

抽象	形象	抽象	形象
进行	金星	恐怖	（有）孔（的）布

抽象	形象	抽象	形象
效率	小驴	惊吓	镜匣
凝结	宁姐	珍惜	枕席
价值	架子	危机	喂鸡
加强	假枪	幸福	新（衣）服
真相	真（大）象	研究	烟酒
背景	倍镜	贸易	毛衣

谐音转化在记忆法里面是很基础且很重要的一项能力。很多科目的知识都可以通过这种方法来记忆。比如：

（1）历史记忆

八国联军侵华的八个国家：俄国、德国、法国、美国、日本、奥地利、意大利、英国，简写成俄、德、法、美、日、奥、意、英。

谐音成一句话，你就可以一秒记住：饿的话每日熬一鹰。

（2）物理记忆

电功公式：$W=UIT$，可以谐音成"大不了又挨踢"。

电流公式：$I=Q/T$，可以谐音成"爱神丘比特"。

（3）英语单词记忆

ambulance 救护车：救护车上有个人喊着"俺不能死"。

ambition 志向：我们要有"俺必胜"的志向。

（二）代替

代替指的是可以用与这个抽象词语相关的形象的画面去进行替换。比如，看到"力量"这个词的时候，你可能在脑海中想到一个"超人"，看到"速度"这个词的时候，你可能想到一辆"跑车"。看到抽象词语的时候，你脑海中第一时间联想到的与这个词语相关的形象的画面，就可以用来代替原词。接下来我们一起来练习一下吧！

抽象	形象	抽象	形象
开心		对抗	
悲伤		命运	
对抗		文化	
纤细		替换	
物理		感动	
生命		自信	
惶恐		责任	

替换法是比较不受限制的方法，只要你能在脑海中想到和这个词语有关的图像就可以。比如，"开心"可以想到一个开心的人的图像，"对抗"可以想到拳击台上的两个人针锋相对，"文化"可以想到一个古人正在看书的画面。

（三）增减字

通过对抽象词增加或者减少一个字，让这个词语变成形象的画面，这就是增减字法。比如，"保证"增加一个字可以变成"保证书"，"信用"加上一个字可以变成"信用卡"，"自动"加字可以变成"自动门""自动步枪""自动机器人"等。

> "保证" + "书" = "保证书"
> "信用" + "卡" = "信用卡"
> ……

以上三种就是我们在抽象转形象的过程中常用的方法。抽象转形象在记忆训练中是非常重要的，我们需要牢牢掌握这个基础，只有这样，你在后面学习具体的记忆策略时，才能更轻松、更快速。

第五节　实战训练（2）

运用两两联想和抽象转形象这两把武器来进行一些实战训练吧！

你是否在与同学、朋友闲聊时碰到一些常识问题答不出来呢？比如，某个国家的首都、某个古人的尊称、某个地区的著名景点等。在学科学习和日常生活中，我们常常遇到零散而抽象的知识，这些知识都可以用我们学到的记忆法来轻松记忆。

（一）国家与首都

试试看记忆中国的 14 个陆上邻国的首都。

朝鲜—平壤	巴基斯坦—伊斯兰堡
俄罗斯—莫斯科	印度—新德里
蒙古—乌兰巴托	尼泊尔—加德满都
哈萨克斯坦—努尔苏丹	不丹—廷布
吉尔吉斯坦—比什凯克	缅甸—内比都
塔吉克斯坦—杜尚别	老挝—万象
阿富汗—喀布尔	越南—河内

尝试回忆：

朝鲜—	—伊斯兰堡
—莫斯科	印度—
蒙古—	—加德满都
哈萨克斯坦—	—廷布
吉尔吉斯坦—	缅甸—
—杜尚别	—万象
阿富汗—	越南—

（二）古人与尊称

中国历史上有许许多多才华横溢的人物，我们一起来记忆他们的尊称吧！

至圣—孔子	文圣—欧阳修
亚圣—孟子	茶圣—陆羽
书圣—王羲之	药圣—李时珍
画圣—吴道子	草圣—张旭

遮住上面的内容，考考自己。

—孔子	文圣—
亚圣—	茶圣—
书圣—	—李时珍
—吴道子	—张旭

（三）省市与景点

北京—故宫	桂林—灵渠
上海—东方明珠	云南—玉龙雪山
武汉—黄鹤楼	西藏—布达拉宫
安徽—黄山	杭州—西湖

你都游玩过什么景点呢？你可以自己补充更多的景点和对应的地点、景物，让游玩的记忆更加深刻。现在，先来考考自己记忆的情况吧。遮住上面的内容，回忆一下。

—故宫	—灵渠
上海—	—玉龙雪山
武汉—	西藏—
—黄山	杭州—

专栏1 "甘神"的成长之路

　　每次出去进行演讲展示自己记忆能力的时候,总会有很多同学问,老师,你的记忆能力是天生的吗? 每次听到这个问题我都会觉得有些许的感慨。曾几何时, 我也是一个因记不住知识而困扰的普通中学生,转眼之间, 已经成为一个能将成语字典、国学经典都背下来的记忆大师。在这里, 笔者负责任地告诉大家, 所有大家在电视上见到过的"最强大脑"或者是记忆天才们, 其实他们所有的记忆能力都来自后天的训练。通过记忆术的训练, 你也可以成为别人眼中的"最强大脑"。

　　时光倒转, 回到最初的起点。

与记忆的初次结缘

　　小时候, 我的记忆力相对来说是比较差的, 所以学习起来感觉格外费劲, 尤其是英语和语文这两门极其考验记忆能力的科目, 我学得尤其痛苦。背书是最苦恼我的任务, 一篇又一篇的长篇课文让我背得喘不过气, 多希望能够拥有哆啦A梦的记忆面包, 只要将要背诵的内容粘上去再吃到肚子里就能够牢牢地记住。现实中当然没有什么记忆面包, 我只好去求助师长, 想找到记忆的诀窍。我小学的时候还特地去请教过我的老师们一些背诵的好方法, 然而得到的回复都是"背书很简单呀, 多读几遍, 多抄写几遍, 就能牢牢地记在脑海当中了"。不得不说, 在那个年代, 没有人知道记忆是有方法的。直到后来一次偶然的机会, 我了解到原来在这个世界上真的存在高效的记忆方法,让我打开了记忆的魔盒, 成为一名记忆大师!

　　还记得高三时每天背完政治和历史的知识点之后, 第二天就忘了许多, 知识总是记了又忘, 忘了又记, 反反复复之下, 我慢慢地产生了一些厌学情绪, 越学越没有信心。在这种困扰之下, 某天晚上我突然之间想起初中的时候看到的一本关于记忆的书籍，书籍上面记载了不少记忆方法。于是我特地回去翻阅了那本书，开始更加系统地学习记忆法。我尝试着用学习到的地点法去记忆政治和历史知识点，发现记忆效率提高了不少，并且第二天依然能够牢牢记住。从那之后，我对学习越来越有信心，成绩开始慢慢地追赶上了我班上的同学。别人都很惊讶为什么在学习的最后关头我进步得越来越快。在2014年的高考中我出人意料地考了全班第一名，去了一所重本大学——华南农业大学。对于当时的我来说，已经很满足了。我有时在想，如果早点接触这种方法，自己应该能考个更好的学校吧！很可惜接触得还是晚了点。

大学，世界记忆大师的起点

2014年9月，我进入了人生的一个新阶段，正式踏入大学的大门，成为一个迷茫又不知所措的大学新生。大一的时候，学校里有一门课叫作职业规划，教学生如何去规划自己的未来、实现自己的理想需要哪方面的能力等。那堂课结束后，我就给自己的大学定下了一个目标，我要去完成一件一直以来想去做的事——在大二的时候拿到"世界记忆大师"的称号。

于是2014年开始，我就尝试着训练扑克，因为交不起高昂的记忆法培训学费，没有人指导，就自己买了相关的书来看，开始了艰难的自学之路。最初按照书里的内容来进行训练的时候，感觉还有一些用，但慢慢地，我就发现书中的知识毕竟有限，很多疑问和困惑书本无法替我解答，于是，机智的我就去加了很多记忆爱好者的聊天群。在那些聊天群里有很多志同道合的爱好者，并且偶尔有人会在群里分享，有不懂的问题也可以和别人交流，从而知道自己不足的地方。（如果你也想要自学的话，那你一定要和别人多交流，多去听别人的公开课，这可以帮助你少走弯路。）虽然大致知道了方法，但自学有一个比较致命的缺陷——没有训练氛围，除非自律性很强，不然很难坚持自己的训练计划。我在最开始的时候，没有和自己一起训练的小伙伴，所以总是三天打鱼、两天晒网，心情好的时候就拿出扑克练一练，虽然有进步，但是进步的速度堪称龟速。

2015年，在知道中国拿下了世界记忆锦标赛世界总决赛的举办权之后，我觉得这是个不能错过的好机会，于是鼓起勇气报名参加了广州赛区的城市赛。报名参加了比赛之后，我就开始了我的闭关之旅，原计划在家闭关修炼两个月，但坚持了两个礼拜之后，我的计划就宣告失败了。那一刻我才知道什么叫作理想很丰满，现实很骨感。现在回想起来，当时计划失败的原因有二：一是训练的方法不对，每天只是单纯地练编码反应，效果不佳。由于没人指导，我经常怀疑自己的方法是不是有问题，不敢继续练下去。二是没有志同道合的伙伴，训练效率非常低下。就这样，浑浑噩噩地就到了年底，浪费了大量宝贵的时间。

城市赛，打酱油

2015年10月世锦赛广州城市赛正式开启时，我除了数字扑克以外，其他项目基本上没练过，就连二进制项目也只是比赛前一天才练了一下。当时的想法是去体验一下比赛就好了，意料之外的是，在所有项目都比完之后，我竟然得了3800分，拿了广州第五，而按照世界记忆锦标赛的标准，只需要3000分就能够拿到"世界记忆大师"的证书。那个时候才感觉自己还是有小小的天赋，幻想着自己如果稍微努力一下，进步肯定会更快一点，拿到证书应该是没有问题的。

国赛，滑铁卢

于是在国赛开赛前的几个星期，我疯狂地训练，抱着冲进中国前十的心态飞去江苏参加中国总决赛，然而现实却很残酷，我的成绩全面崩盘，总成绩只有2600多分，全国排名不堪入目。抱着失落的心走出了赛场，踏上回程的火车，正逢冬天的清晨，虽然有些许阳光洒在脸上，但我却没感到一丝的温暖。在火车上，我告诉自己"世界上有两种苦，一种是努力的苦，另一种是后悔的苦，永远别让自己再吃第二种了。如果这次侥幸晋级，那我一定会踏踏实实地进行训练"。

在经过几个小时的漫长等待以后，晋级名单出来了，在名单的最底下，我看到了自己的名字，那种绝境逢生的感觉让我知道，这是老天在给我第二次机会。这一次，一定要把握住，一定要拿下"记忆大师"的称号。回到广州之后，我开始认真备赛，并且额外花费了两天的时间，总结反思了自己国赛失败的原因，尝试用新的方法进行训练，去提高自己的准确率。也是在那一个星期，我悟出了提高准确率的技巧，这也为我后来成为国际特级记忆大师打下了坚实的基础。也正是这次失败的经历，让我懂得了什么叫作"破而后立"。

世界赛

2015 年 12 月，我踏上去成都的火车。在失败的阴影笼罩下，一路上内心充满了忐忑与不安。我想，这一次如果再失败，实现自己梦想的机会就更远了。

比赛的前两天，我顺利完成了世界记忆大师的几个标准——1 小时记忆 1000 个数字以上，1 小时记忆 10 副以上扑克牌，总分达到 3000 分。最后一个标准是需要在 2 分钟内记住一副扑克，只要达到了这个标准，我就可以顺利地拿到世界记忆大师的称号了。

快速扑克第一轮，我采取了比较保守的策略，第一轮记得比较慢，并且看了两遍，对牌的那一刻，感觉所有担子都已经放下了，两遍记忆花费的总时间是 1 分 14 秒。有了第一轮的成绩以后，第二轮我只看一遍，在记忆的过程中我感觉自己的状态非常好，最后成绩是 44 秒，这对于我来说算是一个比较好的成绩了。

当颁发记忆大师奖时，听到自己名字的那一刻，感觉一年来的期盼和努力都没白费——努力终究不会辜负一个人。截至那一年，全球登记在册的世界记忆大师仅有 294 人，而我终于可以骄傲地说："我是其中之一。"这次的经历也让我深深地理解了那句话，"一切都是最好的安排"。

南征北战——国际赛场上的崭露头角

2017年是我人生的一个转折点,在2016年全国赛上拿了第六名以后,我开始对竞技方面有了更加深入的思考,觉得自己在大学里面需要给自己留下一点东西,给自己的青春年华留下一笔纪念。那一年,我决定出国比赛,和国际上顶尖的记忆高手一起切磋,从韩国起步,后来转战马来西亚、菲律宾等,实力逐渐从5000多分上升到7100分,7月时就已经成为国内极少数分数超7000分的选手。那个时候因为一直在国外比赛,国内知道我真实水平的人很少。

8月,我接连参加了第一届中国国际公开赛城市选拔赛和亚太记忆公开赛,并最终取得了全国城市选拔赛第一名和亚太赛总亚军的好成绩。

在这里也想送给仍然在记忆路上奋斗的各位小伙伴们一句话:"请始终相信,努力终究不会辜负人,加油!"

第五章　记忆三大绝学

第一节　连锁想象法

在语文学习中，每篇课文后面都有需要记忆的重点词语，这些词语放在课文中是有关系的，但是随机放在一起就显得枯燥无味了。怎样把一堆词语都记住，并且能按顺序回忆出来呢？通过这一节，你会发现记忆变得简单又好玩，词汇记忆是记忆训练的基本功，一起来试试吧！

首先，做一个记忆小测试，通过前面的学习，你能记住多少呢？

倒计时 1 分钟，按顺序记住下面的词语：

自行车	奖杯	火炬	帆船
大象	长颈鹿	乌龟	钢琴
螃蟹	电吹风	树叶	蝴蝶
恐龙	溜冰鞋	沙发	鳄鱼

时间到！回忆一下，看看你能按顺序回忆出来多少个。

你能完全记忆正确吗？我教过很多学生，刚开始他们都说这个太难了，不可能记住的。但是在我讲解完之后，几乎所有学生都能完整地按顺序复述词汇。

在接下来的讲解过程当中，希望各位同学能在脑中想象出来对应的图像。举个例子，我说自行车的时候，你就想象一下自行车的样子，可以是你现在骑的自行车，可以是门口的小黄车、小蓝车，老式的二八自行车，等等；讲到奖杯这个词，可以想象金色的奖杯、水晶奖杯或者圣杯的样子等。就是这样，接下来想象的过程是非常有意思的。

好，想象开始：今天你很开心地骑着一辆帅气的自行车。你为什么这么开心呢？因为你刚刚在自行车比赛当中获得冠军，拿到了一个大大的奖杯。但是奖杯里突然冒火了，着火之后的奖杯，就成了火炬。你举着火炬参加了帆船比赛。在比赛当中，你不小心撞到了一头正在海里游泳的大象。大象有点生气，它上岸去找长颈鹿诉苦。长颈鹿安慰了大象，并送它一张演唱会门票，这样它就可以去看乌龟大师的演唱会了。乌龟大师可厉害了，不仅唱歌唱得好，钢琴也弹得很好听。舞台上有一排螃蟹，排着队，在舞台上横着走。它们在跳着舞，钳子上都夹着电吹风。它们拿着电吹风在吹着什么东西呢？在吹着很多的树叶。树叶在空中，随风飘扬，翩翩起舞，吸引来了许许多多的蝴蝶，从四面八方飞过来一起在舞台的上空跳舞。台下的观众也被点燃热情，一起舞蹈。跳完舞的蝴蝶们，飞累了都去找恐龙，让它做保镖护送它们回家。恐龙穿着一双溜冰鞋，滑起来很快，很快就把蝴蝶们都送回了家。送回家之后，它们很累，就躺在自己的床上休息，很快就睡着了。在梦里，蝴蝶梦见了凶恶的鳄鱼在追自己，就给吓醒了。

好了，故事就到这里，接下来请同学们回忆一下刚刚讲的故事，看看是不是顺便也把词语都记住了呢？没有记住的同学可以重新看一下上面的故事。

现在我提问一下，记得电吹风在吹什么？大象去找谁诉苦？火炬的后面是什么？钢琴的前面是什么？沙发的前面呢？沙发的后面是什么？

你相信吗？好好按照上面编写故事的方法记忆知识，你不仅可以抽背还可以倒背如流。

下面我们就一起系统地学习一下这种好玩又有效的方法吧！

连锁想象法就是将我们要记忆的知识点像锁链一样一个个串联在一起，并且两两图像之间用一个动作进行联结从而实现快速记忆的方法。

接下来要讲一下重点哦！这里面有些非常重要的规则需要注意：

第一，一个信息一个具体图像。这是最重要的，学习的就是图像记忆。刚开始慢点没有关系，但是不要偷懒，一定要自己去想象哦！从现在开始，把这个过程称为出图，重要的事情说三遍，出图、出图、出图。

第二，图像两两相连并接触。比如，乌龟弹钢琴、螃蟹夹着电

吹风、恐龙穿着溜冰鞋，这些短句中词语两两相连，相互关联，联系紧密。换一种描述方式，比如，乌龟旁边有钢琴、螃蟹右边有电吹风、恐龙前面有溜冰鞋，这些可以吗？不行的，因为两两不相关，词语之间的关联性不好。所以锁链故事中，词语联系要尽可能地紧密相关，有接触。

第三，词汇跟词汇之间一般使用动词联结。比如，乌龟弹钢琴、螃蟹夹着电吹风、恐龙穿着溜冰鞋，用的是弹、夹、穿等动词，这样一来，词汇之间的联结才会有接触。

第四，记和忆用同一个图像。也就是同一个词汇记忆跟回忆用的是同一个图像，包括同一个词汇以后固定都用同一个图像。

通过这样的方法，相信你可以很快掌握记忆法，为后面的学习打下坚实的基础。当然，刚开始学习会有点慢，不用担心，一步一步来。

再来一组，下面我们一起来试着记忆一下：

钥匙	鹦鹉	球儿	尿壶	山虎
芭蕉	气球	扇儿	妇女	饲料
河流	石山	妇女	扇儿	气球

运用连锁想象法，我们需要在脑海中构建动画，可以这么想象：手里拿着钥匙戳到了鹦鹉。鹦鹉吓到了，踢飞了球儿。球儿砸到了尿壶。尿壶很臭，熏跑了山虎。山虎在吃芭蕉，芭蕉里面长出很多气球，气球下面挂着扇儿。扇儿在妇女手里拿着。妇女在吃饲料，饲料吃不完，倒入河流。河流冲垮石山，石山压倒一个妇女。妇女拿一把扇儿，用扇儿扇一颗气球。

好了，接下来回忆一下，钥匙戳到什么？鹦鹉踢到什么？球儿砸到了什么？一个一个回忆，看能不能回忆出来。

能够正背，相信你也可以倒着背诵。来试一下，气球前面是什么？扇儿前面是什么？妇女前面是什么？鹦鹉前面是什么？很棒，其实你刚刚不止背诵了15个词汇，还背诵了30个数字。我们来看看是哪些数字：

钥匙	鹦鹉	球儿	尿壶	山虎
14	15	92	65	35
芭蕉	气球	扇儿	妇女	饲料
89	79	32	38	46
河流	石山	妇女	扇儿	气球
26	43	38	32	79

这些数字有些是跟词汇的发音很接近的，比如，14 读起来跟钥匙接近，15 跟鹦鹉很接近；还有根据意思来定义的，比如，38 为什么是妇女呢？因为 3 月 8 号是妇女节。我们称这些为数字编码。给自己几分钟时间熟悉一下上面的数字编码吧。

熟悉编码之后，我们来回忆一下刚刚记忆的数字顺序。我们可以先回想词汇是什么：钥匙、鹦鹉、球儿……钥匙对应的数字编码是什么？鹦鹉对应的数字是什么？……气球对应数字是什么？

回忆完词汇，你也就回忆完了 30 个数字。有些同学会发现这些数字怎么那么熟悉。对的，这 30 个数字就是圆周率小数点后 30 位。我们用比较熟悉的词汇来对应比较难记忆的数字，这样无规律的数字就变得简单了。词汇你能够倒着背，那么数字也是一样可以的。不过现在你可以先按照顺序快速地背诵下来，再来挑战倒着背诵哦，这样会更加容易。如果你正背可以很流利，那么请挑战一下倒着背吧。

下面再来一组词汇，这一次你自己来试试记忆：

武林（盟主）	恶霸	巴士	衣钩	鸡翼
太极	三角尺	旧伞	西服	棒球
尾巴	香烟	旧旗	湿狗	蛇

连锁想象法就是在大脑中想象出每一个词对应的图像，再跟下一个词语进行联结，一环接着一环。这就是这节学习的方法，不知

道你学会了吗?

再来想一想,为什么要记忆词语呢?

第一,要打好基础。记忆词语就相当于学数学首先需要学公式,学英语要从单词开始学起一样。因为绝大多数人是不可能一下子记住 16 个词语的,就算花费 15 分钟也记不住。即便记得一些,顺序也会乱,很容易就会忘记,更不可能倒背如流。而现在只要一遍就能记住,这就直接体现出记忆最大的优势,更是改变大脑认知思维的起点。

第二,记忆学习是一个循序渐进的过程。首先要学会记忆词语,再记短句,然后是长句、古诗,最后才是记忆文章。不要着急,先打好基础,一步一步来。不积跬步,无以至千里;不积小流,无以成江海。

如果一上来就让你背很多的东西,那么你的心情是非常抗拒的。从小处着手,一点一点进步,那么你之后的记忆就会很轻松。

第二节　故事联想法

我们要来学习另外一种记忆方法——故事联想法。顾名思义,故事联想法是把我们要记忆的对象编成一个故事来记忆。我们要把故事想象得简洁、有趣、生动、形象,这样才容易记忆。我们先来看看上一节的作业吧。

武林（盟主）	恶霸	巴士	衣钩	鸡翼
太极	三角尺	旧伞	西服	棒球
尾巴	香烟	旧旗	湿狗	蛇

我们用这些词汇来编一个小故事：武林盟主跟恶霸打架，恶霸打输了逃到巴士上面。巴士上面挂着很多衣钩，衣钩上插着很多鸡翼。恶霸拿鸡翼去吃，吃饱了就打一下太极，抓到三角尺，插到了一把旧伞上面。这时候恶霸穿起西服要去打棒球，突然棒球打到狐狸的尾巴。恶霸抽起香烟，不小心香烟又点燃旧旗，旧旗烧到了一只湿狗。湿狗吓到，咬了一条蛇。

遮住上面的内容，回忆一下，谁跟谁打架？恶霸打输了逃到哪里？巴士上面有什么？……一个一个回忆，看能不能回忆出来。再多熟悉几遍，记得不是很清楚的部分可以再复习一下。

能够正背，相信你也可以倒着背诵。来试一下：蛇前面是什么？湿狗前面是什么？旧旗前面是什么？……很棒，同样地，你刚刚不只背诵了 15 个词汇，还背诵了 30 个数字。我们来看看是哪些数字：

武林（盟主）	恶霸	巴士	衣钩	鸡翼
50	28	84	19	71
太极	三角尺	旧伞	西服	棒球
69	39	93	75	10
尾巴	香烟	旧旗	湿狗	蛇
58	20	97	49	44

同样，这些数字大部分都是跟词汇的发音很接近的，比如，50读起来跟武林接近，28跟恶霸很接近。还有几个同学们可能不是很清楚为什么这么定义，我们来看下。太极为什么是69？棒球为什么是10？同学们可以看太极与"69"、棒球与"10"的形状是不是很像？这两个数字就是从形状去入手定义的。我们再来看看，香烟为什么是20？因为一包香烟有20根。蛇为什么是44？因为蛇的发出的声音是"嘶嘶"，跟44是很接近的。这两个数字是从意义上面去定义的。

接下来熟悉一下这些词汇转换成的数字编码。熟悉好了，我们来回忆一下刚刚记忆的词汇的顺序是什么。武林，武林对应的数字编码是什么？恶霸，恶霸对应的数字是什么？……蛇，蛇对应的数字是什么？

恭喜各位同学，现在你们已经记下了圆周率小数点后60位了！通过熟悉的词汇来记忆比较难记忆的数字，以熟记新。同样我们先熟悉正背，按照顺序快速地背诵下来，再来挑战倒着背诵哦。如果你正背已经很流利了，那么请挑战一下倒着背吧。

第三节　　数字编码

要想快速记忆随机数字，我们就得先了解什么是数字编码。

在记忆方法里面，我们通常把要记住的无意义信息通过编码记忆下来。前面我们学习了通过想象提高记忆力，那遇到无意义的数字，我们应该怎么高效记忆下来呢？记忆大师又是如何做到随机采集数字，很快把它们全部记忆下来的呢？

数字编码就是把数字编写成生活中常见的物品，编码是"确定代码"和"编辑代码"两个过程的总和。通常我们采用的是两位数编码，因为多位数编码需要耗费比较长时间熟悉。这里我们来学习两位数编码，也就是00~99的编码。

（一）应该怎样创建自己的编码

通常情况下，我们都是参照记忆大师的编码，然后不合适的换成自己喜欢的，这样就创建了属于自己的一套编码。

制定编码的技法，主要有谐音法（常见）、象形法、意义法、转换法、强加法等，以及上述这些方法的综合应用。

谐音法：16→石榴　66→溜溜球　95→酒壶

象形法：10→棒球杆和棒球　11→筷子

意义法：09→猫（猫有九条命）　24→闹钟（一天有24小时）

转换法：二进制010 100→十进制24

强加法：现在一些记忆选手十分推崇编码不要采用谐音法，而采用无关联的图片，这样做的目的是减少后期会出现的音读现象，从而提升记忆速度。无关联的图片就是强加关联的，熟悉了之后看到数字就立即出图了。这种做法是"仁者见仁、智者见智"。采用谐音法后期确实需要采取一定的措施来消音，但是前期熟悉编码的速度非常快，而强加关联的话，熟悉的速度就会慢很多。在水平没那么高的情况下，二者记忆的速度是基本没有差异的。所以竞技选手们要根据自己的情况来做出选择。

第一部分：

01 小树	02 铃儿	03 三角凳	04 轿车	05 手套
06 手枪	07 锄头	08 滑冰鞋	09 猫	10 棒球
11 筷子	12 椅子	13 医生	14 钥匙	15 鹦鹉
16 石榴	17 仪器	18 腰包	19 药酒	20 香烟
21 鳄鱼	22 双胞胎	23 和尚	24 闹钟	25 二胡

第二部分：

26 河流	27 耳机	28 恶霸	29 饿囚	30 三轮车
31 鲨鱼	32 扇儿	33 星星	34 三丝	35 山虎
36 山鹿	37 山鸡	38 妇女	39 三角尺	40 司令
41 蜥蜴	42 柿儿	43 石山	44 蛇	45 师傅
46 饲料	47 司机	48 石板	49 湿狗	50 武林（盟主）

第三部分：

51 工人	52 鼓儿	53 午餐	54 武士	55 火车
56 蜗牛	57 武器	58 尾巴	59 五角星	60 榴梿
61 儿童	62 牛儿	63 流沙	64 螺丝	65 尿壶
66 蝌蚪	67 油漆	68 喇叭	69 太极	70 冰激凌
71 鸡翼	72 企鹅	73 花旗参	74 骑士	75 西服
76 汽油	77 机器人	78 青蛙	79 气球	80 巴黎（铁塔）

第四部分：

81 白蚁	82 靶儿	83 花生	84 巴士	85 宝物

86 八路	87 白棋	88 爸爸	89 芭蕉	90 酒瓶
91 球衣	92 球儿	93 旧伞	94 首饰	95 酒壶
96 旧炉	97 旧旗	98 球拍	99 玫瑰花	00 望远镜

你可能会对某些编码感觉别扭，不是特别好用，此时可以自己进行更换。例如，35 联想为山虎，也可以是珊瑚，还可能是山狐……你需要确定一下到底使用哪个代码。另外，你需要对编码进行"活化训练"。例如，变大、变小、旋转、变色，留意编码的材质、手感、重量等。这能加深你对编码的认识，同时为形成感觉记忆打好基础。

（二）创建编码的原则

1. 特征明显

编码的最重要原则就是特征明显。这里有两层意思：一是轮廓明显，我们实际记忆过程中，脑海中出现的图片很难勾勒细节，大部分是编码的轮廓。如果特征不明显，就根本就不知道脑中出现的是什么编码。二是差别明显，一个编码和另外一个编码必须要有很明显的差异，这样才不会在回忆的时候混淆。

2. 适合自己

别人觉得好用的编码不一定适合自己，记忆大师的编码都是独一无二的，我们需要创建适合自己的编码。在创建编码的同时，需要不断探索和优化。在竞技训练中，选择适合的编码是取得好成绩的关键。

3. 创建编码的注意事项

（1）*颜色忌灰黑*

编码整体不宜采用灰色或黑色。大部分人的大脑出图环境是灰黑色的，如果出灰色或黑色的图，会就被环境"消融"掉。

那编码是不是颜色越鲜艳、越丰富越好呢?

要遵循适度原则。大部分人出图只有轮廓，对于色彩是不敏感的，很多人甚至出图没有颜色。对于颜色的过度关注反而会造成我们对图像的关注度不够，当然对于色彩很敏感的人有优势，出颜色会加强画面的丰富感，从而更有利于记忆。

（2）*编码忌过大或过小*

如果一个编码过大或过小，出图的时候要么占据太大空间从而看不到背景或其他编码，要么太小，导致编码本身看不清。

在与其他编码交互的时候，若刻意地去缩小或放大，会打乱记忆的节奏，而且放大和缩小这种动作本身可能会对你的记忆产生影响，这种影响来源于逻辑认知。

那如果选的编码就是比较大或比较小的呢？

可以将编码想象或换成大小适中的图片，这样的话心理影响就会减轻。

（3）*编码忌不和谐*

有的选手的编码或者动作不和谐，认为这样对大脑刺激更强烈，从而可以记忆得更清楚。我们不赞同这种做法，因为记忆训练的量是非常大的，如果脑海里充斥着这种不和谐的东西，会对思想乃至行为产生潜在的影响。

（4）*编码忌人物过多*

采用人物编码是一个争议点，PAO 系统就有很多人物，但是人物的轮廓是很相似的，在快速记忆过程中不容易区分。两种解决方法：一是找人物特征很不相似的，二是给人物配上其他具有特征性的物品。

（5）*编码忌主体不明确*

我们创建了编码后，会经常查看编码图片来进行熟悉，因此对图片本身就有一定的要求。非常重要的要求就是主体明确，我们看到的最好只有编码本身，而不掺杂其他东西。最好是高清、无背景的图片，这样我们对编码的整体把握就不会受到干扰。

下面我们就一起来把数字编码背下来吧！

数字编码表

1	2	3	4	5	6	7	8	9	0
蜡烛	鸭子	耳朵	帆船	秤钩	汤勺	镰刀	葫芦	口哨	呼啦圈
01	02	03	04	05	06	07	08	09	10
小树	铃儿	三角凳	轿车	手套	手枪	锄头	滑冰鞋	猫	棒球
11	12	13	14	15	16	17	18	19	20
筷子	椅子	医生	钥匙	鹦鹉	石榴	仪器	腰包	药酒	香烟
21	22	23	24	25	26	27	28	29	30
鳄鱼	双胞胎	和尚	闹钟	二胡	河流	耳机	恶霸	饿囚	三轮车
31	32	33	34	35	36	37	38	39	40
鲨鱼	扇儿	星星	三丝	山虎	山鹿	山鸡	妇女	三角尺	司令
41	42	43	44	45	46	47	48	49	50
蜥蜴	柿儿	石山	蛇	师傅	饲料	司机	石板	湿狗	武林（盟主）
51	52	53	54	55	56	57	58	59	60
工人	鼓儿	午餐	武士	火车	蜗牛	武器	尾巴	五角星	榴梿
61	62	63	64	65	66	67	68	69	70
儿童	牛儿	流沙	螺丝	尿壶	蝌蚪	油漆	喇叭	太极	冰激凌
71	72	73	74	75	76	77	78	79	80
鸡翼	企鹅	花旗参	骑士	西服	汽油	机器人	青蛙	气球	巴黎（铁塔）
81	82	83	84	85	86	87	88	89	90
白蚁	靶儿	花生	巴士	宝物	八路	白棋	爸爸	芭蕉	酒瓶
91	92	93	94	95	96	97	98	99	00
球衣	球儿	旧伞	首饰	酒壶	旧炉	旧旗	球拍	玫瑰花	望远镜

为什么需要数字编码?

每个记忆项目经过分析都是有基本元素存在的。如同学习英语单词前我们要学习 26 个英文字母一样，熟悉了基本元素对于掌握元素间的组合是很有帮助的。我们前面学习的圆周率前面 60 位，就运用了数字编码的知识，这也就是记忆大师记忆数字串的基本元素，需要我们认真掌握。

记忆竞技要求"更快""更多""更准"，对速度的要求会促使你思考一套能固定的体系，通过大量训练使自己非常熟悉这个体系，从而不需要在赛场上临时去联想记忆。

下面尝试运用数字编码和联想故事法记忆以下数字：

14　25　36　42　65　70　41　98　77　50

科普：竞技项目中编码有哪些类别?

竞技编码大体分为四类：

纯数字编码：涉及快速数字、马拉松数字、二进制数字项目。

纯图形编码：涉及抽象图形、具象图形、快速扑克、马拉松扑克项目。

纯文字编码：涉及随机词汇项目。

组合编码：涉及虚拟历史事件（文字＋数字）、人名头像（图像＋文字）、听记数字（数字/音码）项目。

第四节　定位地点法

　　学习完上面的方法之后，相信你心中一定会有疑问，用故事法记忆起来虽然快，但如果我在记忆的时候要记的内容特别多或者特别长的时候，编故事会不会混淆呢？答案是，会的。故事法仅适用于信息量比较少的内容的记忆，而一旦要记的内容特别多的时候，我们就需要用到其他方法了。下面要学习的方法就是专门针对大量知识记忆而衍生出来的十分有效的记忆方法。

　　接下来要学习的方法十分重要，因为它可以说是整个记忆法的核心，也是所有的世界记忆大师以及《最强大脑》选手在短时间内记住大量信息的秘诀。通过运用这种方法，你会发现以前觉得十分难以记下来的提纲、书籍、单词等内容，都能在很短的时间内就牢牢记住。而这能让我们的记忆效率提升至少五倍的方法就是——定位地点法，也被称为记忆宫殿。

（一）记忆宫殿的来历

　　据传，记忆宫殿法诞生于一场意外。古希腊诗人西莫尼德斯受邀在一场晚宴上发表赞美宴会主人的演讲。西莫尼德斯在诗中同时赞美了双生子卡斯托尔（Castor）和波吕克斯（Pollux），因此宴会主人说只能付给西莫尼德斯一半的费用。正在此时，有两位客人在宴会厅外呼唤西莫尼德斯，于是西莫尼德斯离开了宴会厅。不料，就在下一刻，宴会厅轰然倒塌，除了西莫尼德斯之外的所有客人都被砸得面目全非。西莫尼德斯只好根据客人所处的方位来对应死者的身份，好让亲人们认领尸体。

原来，那两位呼唤西莫尼德斯的客人正是双生子。由于西莫尼德斯在诗中赞美他们，所以他们将西莫尼德斯引出了即将倒塌的宴会厅。由于这次意外，西莫尼德斯发明了记忆宫殿法，即根据方位来记忆物品。

（二）定位地点法

下面，就让我们一起来学习一下，什么是神奇的定位地点法，也就是记忆宫殿。定位地点法就是将我们要记忆的信息通过想象的方式与我们身边熟悉的地点进行联结，从而将信息牢牢记在脑海当中的方法。

地点，其实就是我们身边熟悉的物品，可以是你家的沙发、电视，又或者是冰箱、桌子等。按照一定的顺序进行排列并且特征容

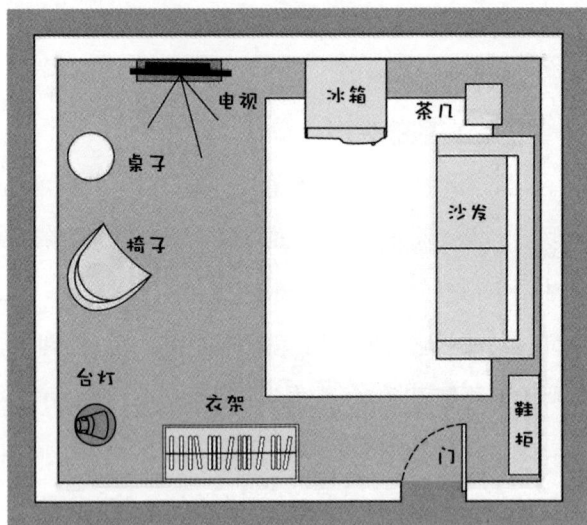

易辨别的物品都可以作为地点。地点是我们记忆的载体，通过将要记忆的信息与地点进行联结，可以减轻记忆的负担，让我们在短时间内记住大量信息。

地点我们可以在家里找，比如，可以从家里的大门开始作为第一个地点，然后按照顺时针或者逆时针的顺序去寻找适合当地点的物品。进门后一般会有个鞋柜，下一个是沙发、茶几、冰箱等，我们先找 10 个地点（即 10 个物品）。

上面是我按照自己家里的情况来找的地点，大家也可以根据自己家里物品的摆设来找。除了在家里面找地点以外，我们也可以在学校、餐馆、博物馆等地方找，当然也可以在你叔叔家、奶奶家里找地点。每 10 个地点为一组，每次要记忆信息的时候，就可以随时调出来用。

找地点需要遵循哪些原则呢？

第一，大小适中。在找地点的过程中尽量不要选择太大（如一栋楼房）或者太小（如一个别针）的地点。地点很小的时候会不方便后面的联想记忆。

第二，距离适中。两个地点的距离不要太近也不要太远，室内地点之间有一两米的距离比较适中。

第三，按照一定的顺序。在室内找地点的时候我们可以按照顺时针或者逆时针的顺序来找。

（三）地点法的四步运用

当我们有了地点之后，就相当于有了记忆的载体。那么接下来我们将会用地点法来记忆圆周率小数点后的 61~100 位。

59	23	07	81	64	06	28	62	08	99
86	28	03	48	25	34	21	17	06	79

（1）首先在脑海中回忆一遍地点。

门—鞋柜—沙发—茶几—冰箱—电视—桌子—椅子—台灯—衣架

（2）接着将数字转化成对应的编码。

（3）编码和地点进行联结。

地点	数字	编码联想
门	5923	一只蜈蚣趴在和尚的头上控制他打开了门
鞋柜	0781	拿着锄头去锄鞋柜里的白蚁
沙发	6406	坐在沙发上用螺丝拧紧手枪
茶几	2862	恶霸抱起了牛儿把它摔在凳子上
冰箱	0899	冰箱里冰冻着一溜冰鞋的玫瑰花
电视	8628	电视里面正在播放八路打赢了恶霸的场景
桌子	0348	桌上有个板凳，板凳上面放着一块石板
椅子	2534	椅子上有把二胡，上面绑着三丝巾
台灯	2117	鳄鱼博士拿着仪器正在检查台灯
衣架	0679	拿着手枪去射衣架上的气球

（4）回忆并默写。

以上就是地点定位法的使用方法，相信通过本节的学习，你应该已经掌握了地点定位法以及随机数字记忆的方法。地点定位法是一个非常强大的工具，不仅可以帮助我们记下大量的随机数字，也可以帮助我们记下长篇的古文或者是现代文。比如，我们想要记住一篇现代文，就可以在每一个地点上记一句话，这样我们就可以轻松地将一篇文章的内容记下来了。这里需要强调一点，对于20个以内的信息，我们可以用故事法或者连锁法记，而超过20个的信息，我们就可以用地点定位法来记忆。

试试看：

> 41897581073094189714
>
> 39875017741389119830

第五节　实战训练（3）

本节，我们要挑战记忆鲁迅的作品名。这个过程就跟记忆词汇一样。

《故乡》《社戏》《孔乙己》《一件小事》《从百草园到三味书屋》《藤野先生》《阿Q正传》《药》《呐喊》《彷徨》《狂人日记》《祝福》

记忆示范：

想象鲁迅回到了自己的故乡。回去干嘛呢？回去看社戏。看着、看着坐在旁边的孔乙己凑过来，告诉他一件小事。鲁迅觉得事情并不小而且有点严重，赶紧从百草园跑到三味书屋，去找藤野先生（这里可以想象藤野先生坐在藤椅上，加深印象）。藤野先生在干什么？他正在跟阿Q聊天。阿Q最近感冒了，天天都要吃药，但是吃完药后他肚子很疼，就跑出去到处呐喊要找医生。医生正在街上彷徨，同时口述着日记，这本日记叫作《狂人日记》。医生赶紧给阿Q看病，并祝福他早日康复。

　　好的，到这里故事就讲完了。试着根据故事回忆一下鲁迅的这几部作品。鲁迅先回到了哪里呀？回到了故乡，第一部作品是《故乡》。他回到了故乡去干什么？看社戏，第二部作品是《社戏》。在看的过程中，他旁边有一个人叫孔乙己，《孔乙己》就是他的第三部作品。孔乙己凑过来告诉了他一件小事，《一件小事》就是第四部作品。鲁迅听完了这件小事之后，他很紧张，跑去了哪里，从白草园到三味书屋，这对应了第五部作品。他在那间书屋里面见到了谁呢？见到了藤野先生，《藤野先生》就是第六部作品。藤野先生在跟谁聊天？阿Q。第七部作品就是《阿Q正传》。阿Q这几天感冒了，他一直都在吃药，《药》就是第八部作品。吃完药的阿Q肚子很痛，所以他跑出去呐喊，《呐喊》就是第九部作品。阿Q跑去找在街上彷徨的医生，《彷徨》是第十部作品，彷徨的医生在干什么？他在写日记。这日记叫什么名字？叫《狂人日记》——第十一部作品。医生给阿Q治病，并祝福他赶紧好起来，这对应了最后一部作品《祝福》。好了，到这里鲁迅的12部作品就记忆完成了，各位同学现在回忆一下整个故事，看看能不能想起来鲁迅的那些作品。

故事联想记忆法需要注意的一些规则：

（1）一定要想象到图像，学习的就是图像记忆，一定要自己出图。

（2）两两词语之间要相互连接。

（3）发挥你的想象力，尽可能的夸张好玩、生动形象。

故事联想法和连锁想象法的区别就只是前者的词汇可以前后重复出现，而后者要求词汇只能一个接一个。

好，那么接下来自己试试吧。

冰心的作品：

> 《繁星》《往事》《小说集》《超人》《小桔灯》《纸船》《春水》《寄小读者》《再寄小读者》《三寄小读者》《冬儿姑娘》《樱花赞》

老舍的作品：

> 《骆驼祥子》《老张的哲学》《四世同堂》《二马》《离婚》《猫城记》《正红旗下》《火车集》《贫血集》《龙须沟》《茶馆》《西望长安》

第六章　轻松记忆古诗文

第一节　字头歌诀法

有一天晚上，一个小偷潜入曾国藩的房间，想要偷东西。不巧的是，那天晚上曾国藩在背一篇文章。他念了一遍又一遍，小偷也蜷缩在房梁上听了一遍又一遍。眼见着夜越来越深，油灯都快要熬干了，曾国藩还是没有背下来。这个小偷忍不住了，从房梁上翻下来，大吼道："就你这么笨，还读什么书，我听都听会了！"曾国藩羞愧难当，之后更加发愤图强。

从这个故事中，我们可以看出，就算是卓有成就的古人，在背诵文章的时候也是要费一番脑筋的，更别提当代的中小学生了。

古文即文言文，是相对于白话文的一种书面语言，包含策、诗、词、曲、八股、骈文等多种文体。在中小学阶段，学生需要背诵大量的文言文，尤其是古诗词。许多同学在背诵古诗词时感到苦恼，容易张冠李戴或者忘掉其中的某一句。

我们先思考一个问题，古诗是由什么组成的？是不是很多的词语，其中就有形象词和抽象词。关于词语的记忆，我们在前文中已经打下一些基础了，如果你认真学习了的话，这节课就很轻松了。记忆古诗有什么诀窍吗？当然！首先你需要记住一些关键的词语。

下面来看一种简单的方法，叫作"字头歌诀法"。你有没有发现，一般只要记得开头就能想起整句来，但要是忘了就很容易全记不起来了？"字头歌诀法"就是将诗的每一句的开头取出来，与诗名和作者联系起来，从而起到提示自己每一句开头的作用的记忆方法。所以这种方法也是很实用的。举个例子：

江 雪

唐·柳宗元

千山鸟飞绝，万径人踪灭。

孤舟蓑笠翁，独钓寒江雪。

把每句诗的开头取出来，就是"千万孤独"，再跟古诗名字和作者联系起来——柳宗元站在柳树下面望着江面上的白雪，没人陪他，他感到千万的孤独。这样就可以啦，是不是很简单。但这个方法其实有一些局限性，就是不能用太多，得遇到有趣的字头才会有奇效。

第二节 连锁故事法

接下来我要给你介绍记忆古诗的主要方法，其实就是之前学过的，连锁想象法跟故事联想法，用它们来记忆古诗有三个步骤：

第一步，熟读全文。了解古诗大概的意思。这个是必须做的，建议你记忆之前读三遍，熟悉一下古诗词，弄懂不懂的字词。

第二步，从每一句诗里提取出一些关键词语。为什么要找关键词而不是每个字都提取呢？如果你把每个字、每个词都转为图像，那么图像就太多了，反而加重记忆的负担。实际记忆过程中完全可以根据关键词回忆起整个句子，所以，只需要记忆最关键的词语就好了，最终也是通过关键词来回忆的。

第三步，词语跟词语之间进行故事联想。记忆词语的方法和前几章讲的一样，只不过需要自己提炼出词语。

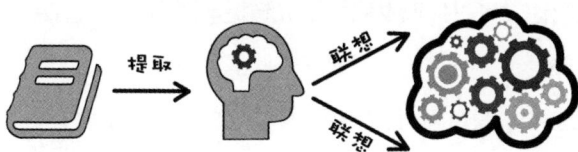

1.熟读全文　　　2.关键词　　　3.故事联想

具体来看一下，这一节要记忆的是马致远创作的一首小令。

第一步，通读全文：

天净沙·秋思

元·马致远

枯藤老树昏鸦，小桥流水人家，

古道西风瘦马，夕阳西下，断肠人在天涯。

全文描写的是一些景色。一开始就是描写天色黄昏，一群乌鸦落在了古藤缠绕的老树上面，发出了凄厉的哀鸣。小桥下面，流水哗哗作响。小桥边上有几户人家，炊烟寥寥。古道上有一匹瘦马，顶着西风艰难地前行。夕阳渐渐失去了光泽，从西边落下。

这首小令很短，一共只有 5 句，28 个字，全篇没有一个秋字，却描绘出一幅凄凉动人的夕阳西下的景象，并准确地表达出作者在旅途中凄苦的心境。

第二步，从每句里面提取一些关键词语：第一句可以提取藤、树和鸦；第二句可以提取桥、流水和人家；第三句可以提取道、风和马；第四句可以提取夕阳，第五句提取断肠人。这首诗里面都是描写一些景物，关键词基本上都覆盖了。

第三步，联想画面：一棵枯藤缠绕的老树，上面有一群昏暗的乌鸦。能看到乌鸦之后，乌鸦可以飞到小桥上面。这个小桥下面有流水，哗哗作响。在流水岸边住着几户人家，他们家门前有一条古老的道路。那在道路上，有西风吹，呼呼作响。那风吹着谁呢？一匹偏瘦的马。马向着夕阳的方向跑。夕阳把光照在了断肠人的身上。那么整个画面就可以简单地想象出来了。好了，回忆一下，会不会觉得有点复杂了？其实可以每句就取一个关键词，比如每句的开头，就可以简化成"枯藤，小桥，古道，夕阳，断肠人"，这样记忆量就大大减少了。可以想象枯藤掉在小桥上，小桥旁边有条古道，道路的远处是西下的夕阳，夕阳照着断肠人。这样回想故事就变得轻松了。

最后，来回想一下这个情景小故事，试着背诵一下全文。首先是枯藤掉下来，所以第一句是枯藤老树昏鸦；其次是枯藤掉在小桥上面，所以第二句是小桥流水人家；再次，小桥旁边有一条古道，所以第三句是古道西风瘦马；最后，古道远处是夕阳，夕阳照在谁身上呢？一个断肠人的身上，所以第四句是夕阳西下，断肠人在天涯。好了，到这里，这首小令就背完了。

再看一个例子，一起记忆一下。

敕（chì）勒歌

北朝民歌

敕勒川，阴山下，

天似穹（qióng）庐，笼盖四野。

天苍苍，野茫茫，风吹草低见牛羊。

第一步，熟读全文：建议三遍。

第二步，提取关键词：川（水）、阴山、穹庐（指蒙古包）、四野、牛羊。

第三步，词语跟词语之间进行联想：川流不息的水不断地冲击阴森的山崖。山崖之上如天空一样巨大的蒙古包笼盖着四周的野草，吸引牛羊来吃草。回忆两遍这些图像，就记住这首诗了。是不是很简单？

试试看：用连锁故事法记忆下面这首诗。

凉州词

唐·王之涣

黄河远上白云间，一片孤城万仞山。

羌（qiāng）笛何须怨杨柳，春风不度玉门关。

第三节　绘图法

针对种类繁多的古诗词，我们还能用什么方法辅助记忆呢？

这一节要讲的是运用故事联想法把作者所描述的情景想象出来，再通过绘画的方式去背诵古诗。那怎样配合画画把古诗词记得更深刻、更牢固呢？这节要学习的是情景绘图法，就是简易地画一画图。

不要觉得自己画画不好，你就不敢画，其实只要随便画一画关键词，就能把一首诗很牢固地记在脑袋里。由于诗词一般都是传达作者感情或者描写景物的，很容易让读者身临其境，所以联想场景、景物记忆就会比较深刻。但是在记忆的过程中，往往需要对一些字词做一些形象化的处理。首先要了解原文，再运用故事联想法绘制简图来进行记忆。

无论长篇还是短篇的古诗词，记忆的方法大同小异，接下来就来试一试，先用一首比较简单的诗作为案例。

先来看第一首诗。

> ## 咏 柳
>
> ### 唐·贺知章
>
> 碧玉妆成一树高，万条垂下绿丝绦。
>
> 不知细叶谁裁出，二月春风似剪刀。

跟着老师一起来了解这首古诗的意思：

高高的柳树上长满了翠绿的新叶，轻柔的柳枝垂下来，就像万条轻轻飘动的绿色丝带。这细细的嫩叶是谁的巧手裁剪出来的呢？原来是那二月里温暖的春风，它就像一把灵巧的剪刀。

第一步，来找一找关键词：第一句"碧玉妆成一树高"，可以提取碧玉和树，作为关键词；第二句"万条垂下绿丝绦"，可以提取绿丝绦；第三句"不知细叶谁裁出"，可以提取细叶；第四句"二月春风似剪刀"，关键词可以是春风和剪刀，"二月"也可以画个日历表示。

第二步，画出关键词：将碧玉、树、绿丝绦（柳丝）、细叶、二月（日历）和剪刀都画出来。只需要画出简单的可区分的样子，就像下面这样。

练习记忆的时候要先看图回忆古诗，再不看图回忆古诗，把图画印在自己的脑海里。

对于要立刻掌握的诗词，运用简图法时一般不用涂颜色，因为这会花费时间，但是如果时间较为充裕，想要完美些，也可涂上颜色，这样会更容易记忆。

接下来再来练习一首，先来熟读一遍。

约 客

南宋·赵师秀

黄梅时节家家雨，青草池塘处处蛙。

有约不来过夜半，闲敲棋子落灯花。

这首诗的大致意思是：梅子黄时，处处都在下雨，青草长满池塘，传来阵阵蛙声。时过午夜，已约好的客人还没有来，感到无聊的我用棋子轻轻地敲着棋盘，震落了灯花。

直接在上面选取一些关键词，第一句可以是黄梅和家家雨，简单画一枝梅，当然可以涂上黄色，接着画一些房子，再来点雨点，就是家家雨。第二句关键词选取青草、池塘和蛙，分别简单画一下。第三句"有约不来过夜半"，选取夜半，就是半夜，可以画个月亮，当然为了具体点，也可以画个人坐着等的画面，表示有约不来。最后一句"闲敲棋子落灯花"，关键词就是棋子和灯花，分别画棋盘、灯和一朵花。看着图画回忆几遍古诗，最后做到不看图背诵古诗。

学习运用绘图法记忆较长信息，比如，记中长篇古诗时，需要将信息分段处理，一段段地记忆，分几部分画简图，再根据图像整体复习记忆。久而久之，你背诵古诗时出图的速度会越来越快，你也会拥有让自己难以置信的记忆速度。这些好玩、有趣的图像，会永远地印在你的脑海中。

也许你要问了：如果用简图，会不会曲解了原文含义？

有三重保障可以避免曲解原文含义。第一是在理解了原文含义后再运用此方法记忆；第二是尽量先遵循原文含义的情境绘制简图，如果原文没有情境或是无法对连接性词句进行形象转化，那么再特别记忆；第三是无论采取什么方法记忆，之后都会核对原文再复习。通过以上三重保障，再加上原本的辨别能力，是不会将原文意思曲解的。也希望同学们多多练习。万事开头难，当你把方法运用得很熟练的时候，你就能体会到绘图记忆法的好处。希望这些方法能够助你语文学习一臂之力！

接下来请用绘图法记忆以下古诗：

望洞庭

唐·刘禹锡

湖光秋月两相和，潭面无风镜未磨。

遥望洞庭山水翠，白银盘里一青螺。

第四节　歌唱法

为我们要背诵的古诗配上背景音乐，将它编成一首歌曲，通过唱歌的方式将古诗牢牢地记在脑海中。

相信大家在生活当中都有过这样的经历，就是一首歌听多了之后，自然而然地就会唱了。当古诗的内容变成一首歌曲之后，你也能自然而然地听到音乐就将这首诗唱出来。一些有名的古诗早已通过歌曲的方式流传。这里我也给大家推荐几首已经被改编成歌曲的古诗文，如《但愿人长久》《琵琶行》《虞美人》《满江红》《长歌行》等。

多去听这方面的歌曲，会让古诗背诵的过程变得更加轻松有趣，这也是我们学习的时候可以用的方法。

第五节　地点法

地点法就是将所要记忆的古诗与地点联结起来，从而帮助我们在短期内记住大量古诗的方法。

如果说简图法适用于比较简短的古诗，如 4 句或者 6 句的诗，那么地点法则适用于比较长的古诗或者文言文的记忆，如 8 句或者 8 句以上的古诗或者非常长的文言文。在考试前，我们如果想要短时间内记住大量的古诗，那么地点法是最好的选择。

比如，下面这篇文言文《出师表》，我们选取了其中一小节，看看如何用地点法来进行记忆。

出师表

魏晋·诸葛亮

先帝创业未半而中道崩殂，今天下三分，益州疲弊，此诚危急存亡之秋也。然侍卫之臣不懈于内，忠志之士忘身于外者，盖追先帝之殊遇，欲报之于陛下也。诚宜开张圣听，以光先帝遗德……

下图是一间教室的示意图，我们以门为起点，沿着墙壁逆时针走，可以找到 10 个地点：

门—饮水机—讲台—投影仪—黑板—桌子—椅子—扫把—簸箕—垃圾

当然，你也可以按照自己学校里具体的分布来找地点。

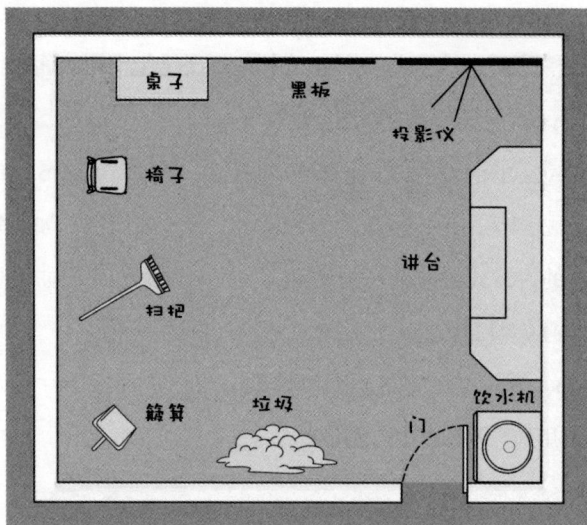

第一步，在记忆任何的古文之前，我们都要先熟读全文三遍。

第二步，找到句子中的关键词。

第三步，回忆地点。

第四步，每一个句子与一个地点进行联结。

地点	原文	联想
门	先帝创业未半而中道崩殂	门那里有个先帝刚创业未到半年就中道崩了
饮水机	今天下三分	如今天下的饮水机都被三分了
讲台	益州疲弊	在讲台上讲了一周很疲惫了
投影仪	此诚危急存亡之秋也	投影仪坏了，这真是危急存亡的秋天
……	……	……

将长篇的文言文切割成一小句、一小句，然后用定位联想的方法固定到不同的地点上。用这样的方法记忆，不仅更加简单，而且更加牢固。因为当你用熟悉的环境作为记忆宫殿时，你处在宫殿中的每一刻都在复习。看到饮水机就想到"今天下三分"，看到讲台就想到"益州疲弊"……善于使用地点法，你的学习效率就会指数型提升，这也是我喜欢用地点法的原因。

接下来，自己尝试着用这种方法来背诵《出师表》后面的部分吧。注意：若是地点的数量不够，可以再另一个房间再找一些地点。

专栏2　脑力魔法师"苏神"的诞生

大家好，我是苏泽河。"最强大脑"不是神，我们只不过是通过了一定的训练，能够熟练运用技巧，并不是天生的记忆高手。大家一起训练的时候就喜欢调侃，把成绩好的人叫作某神，如"甘神"等，这也算是一种对成绩的肯定吧。

误上贼船

2017年1月20号第四季《最强大脑》第三期播出，我在节目里挑战"最忆是江南"项目，项目规则是6分钟时间内记忆30个舞蹈演员和对应的30把油纸伞。所有演员编着同样的双辫，穿着同样的民国旗袍，根据歌曲舞蹈，并不断转动油纸伞和变换队形，最后由评委挑选出其中两个舞蹈演员，我通过观察两位的长相，从折叠的30把伞中找出对应的油纸伞。最终我挑战顺利，成功晋级。节目组会给每位晋级选手取对应的称号，由于我在挑战项目前变了个小玫瑰花魔术，所以给我取名叫"脑力魔法师"。

2016 年 4 月，我在犹豫整整一个月后下定决心，瞒着家里人，只身去往武汉学习，专心训练备赛。那是一个 21 天的训练，我是请了假去的，原以为 21 天后自己就能达到记忆大师水平，然后就可以回到工作岗位继续边工作边训练等年底比赛，结果全然不是。学习结束后，我才发现一切只是刚开始，犹豫一个星期左右之后，我发微信向领导辞职，编辑好久的文段发出去后只收到了一个字的回复"好"，也就是在那一刻，记忆训练这条"贼船"我是不得不上了。

那会儿正值武汉多雨的季节，每天淅淅沥沥的，就好像老天也了解我的心情一样，很是配合地在那几个夜晚都下雨。过去是回不去的，"一步一脚印，每步路都算数"，我那时候常常在睡觉前这样自我鼓励。

2016 年 4~12 月，我在这个大火炉中四处寻找地点，也就是用来记忆的桩子。一群人拿着手机对着各种地点实地拍摄。

那时我们租住在武汉大学旁边的东湖村，一开始两人同租，到后面三人挤一间，虽然每天都过得很简单，吃饭训练休息、训练吃饭睡觉，却是很让人怀念的一段时光。

或许正是我们都有自己明确的目标，每天的生活即使再单调，也是充实而有追求的，这也是我人生中很宝贵的一段经历。

结缘《最强大脑》

2016 年 8 月香港记忆公开赛，这是我人生中第一场记忆比赛，说实话紧张到不行，前两个项目比得怀疑自己、怀疑人生，怀疑自己做错了决定，走错了路，怀疑几个月的训练。转机出现在长时项目记忆的时候，慢慢进入状态了，记忆抽象图形 15 分钟项目，也获得了全场第二的好成绩，最终十项总成绩全场第七。这场比赛结束后，我才发现有《最强大脑》的导演在现场挑选选手，前十名选手都被叫过去填报名表，并且当场录制面试视频。

录制面试视频时，我说自己有两个兴趣，一个是学习记忆，一个学习魔术。还没说下去，导演就让我在镜头前表演个魔术，我表演了个手机心灵感应的魔术，就顺利地录完了面试视频。再后来是几个月里去南京的几轮测试。我之前一直认为得拿大师证才有可能被相中，没想到第一场比赛就被选中，不过后来也算是通过了层层的测试才留在了《最强大脑》舞台上。

起初拿到"最忆是江南"这个项目的时候，我真的是一头雾水。一把旋转的油纸伞，要我记住伞面上的图案……我们在天台测试项目成功的可能性，十几个人各拿一把伞，有的编导甚至把伞转得飞快，压根儿看不清伞面。理论上，眼睛跟着飞驰的车走，是能看清车里的情况的，但是如果车速太快就跟不上了，油纸伞的转动也是一样。演员在转动伞，速度过快，就什么都看不清，即使看清了，也还得捕捉细节去记忆特征点。

从一开始的无从下手，到慢慢在脑海中琢磨出记忆对策，这个过程是对自我的一种挑战。随着项目的沟通完善，难度也在不断增加，第一次测试的伞面上还有很多不同诗句可以作为特征去区分，后来导演把上面的字全统一成"香远"两个字，我完全没法"取巧"了。

这个项目最大的困难点在于所有伞最后要合上，而我需要通过仅剩的细节倒推整个伞面。我的最终策略是只去记忆合上之后会出现的部分细节，也就是去捕捉转动伞时伞骨架上的小部分图案作为特征点记忆。说起来可能有点难以理解，就是眼睛跟着伞转动，看伞骨架上的部分图案，再加上大致的位置去进行编码记忆。编码就是把记忆那部分想成具体的事物，比如最后评委挑选的两名演员，从脸形看一个比较圆编码成圆饼，一个是方形脸编码成方砖，对应的伞编码分别是双胞胎和筷子，于是建立联系就有了双胞胎抢饼和一双筷子夹方块这样的"故事"。正是这样的记忆策略让我顺利通过了这项看似不可能的挑战。

泪洒中国赛 & 圆梦世界赛

2016 年 8 月，我比完香港赛回武汉反思改进。我平时能达到

5000 多分，这次却仅得 4610 分，这次失利让我意识到比赛不仅是技术的较量，也是心态的比拼。

10 月武汉城市赛，正式锦标赛的第一场比赛，如果说香港赛只是练练手，那这次就有种练兵已久，战士上战场的感觉。广州和武汉，都是比赛人数多、高手多的赛区，虽然当时对自己有把握，但是当我真正拿到赛区总冠军的时候还是很激动。10 个项目拿到了 8 个项目金牌，总分 6052。

11 月我以城市赛全国应届排名第一，晋级中国总决赛。因为成为 IGM 的高手可以不用参加城市赛直接报名中国赛，而且有众多《最强大脑》选手参加，所以中国赛就是国内选手真正较量的舞台。我的目标并没有多高，稳稳发挥晋级世界赛就行。但比赛当天，我还是经历了情绪的跌宕。所幸我最终战胜了压力，决定放手一博。人生有时候就是这么奇妙，完全放下了反而让你发挥得挺好，我拿到 4 个项目金牌，总成绩排名中国总决赛第二名，超出了预期。

2016 年 12 月的世界记忆锦标赛在新加坡举行，首次出国的我无比兴奋。《最强大脑》节目录制在世界赛前一个礼拜，录制完节目就马上飞往新加坡。本以为自己一个星期不训练成绩会有影响，所以我想的是稳住拿到记忆大师荣誉证书就行，在没有给自己压力的情况下比完 3 天的世界赛，超常发挥，总分达到 7088 分，还获得了单项抽图项目的世界记忆冠军，并打破了世界纪录，10 项总成绩排名世界第三，顺利拿到国际特级记忆大师（IGM）终身荣誉称号，还和黄胜华、刘会风两人一起帮助中国队时隔 5 年再次获得国家团体冠军。

梦想还是要有的，万一实现了呢！

再次征战的 2017 年

2017 年初，随着《最强大脑》节目的播出，认识我的人慢慢增多，很多小选手都说要以我为榜样，让我感到有点惭愧。征战 2017 年的记忆锦标赛，我一边自己训练，一边带学员训练，负重太多，给自己的压力有点大，不像2016年那样轻松。

2017年是参加比赛最多的一年，辗转国内外参加比赛。

8月，首届亚太记忆公开赛，打破抽象图像、马拉松扑克世界纪录，拿到总冠军；

10月，第一届香港全球友谊赛，打破快速扑克世界纪录，拿到总冠军；

11月，中国赛不参与排名，打破快速数字世界纪录；

12月，世界赛全场第三，拿到抽象图像金牌、历史金牌、快速数字银牌、快速扑克银牌，但没有破纪录。

身为选手奋战第二年，最好成绩保持了几个中国纪录、两个世界纪录（抽象图像和快速数字），在亚太赛后排名中国第一，全球历史总排名世界第五，也很荣幸能够受到越来越多选手的支持，连续3年当选为脑力锦标赛中国形象大使。

竞技不止，所有成绩都只是暂时的。2018年的世界赛刷新了5个项目的世界纪录。这也是我停赛的一年，作为嘉宾给大家分享那场比赛，以一个旁观者的角度，才发现长江后浪推前浪。竞技技术在快速发展中催生了越来越多的大神，我也希望未来能有更多选手去挑战并征战这片沙场，相信我们这一代人不管是在竞技比赛还是其他实用方面，都能把记忆术传承、发展得更好。

第七章　英文轻松记

第一节　一个原则加四个步骤

学习任何一门语言都离不开记忆词汇，因为词汇是句子的基础。传统的背单词方式是不断念诵、抄写，但是这种方法效率低下，而且容易遗忘。

在学习记单词之前，我们首先来了解一下，英语单词的构成。英语单词由三个部分组成，分别是形、音、意。比如，care 这个单词，它的形、音、意分别是：

care　形

[keə(r)]　音

*n.*关心　意

所谓的形就是一个单词的写法，音就是一个单词的发音，意就是这个单词的意思。我们在记忆英语单词的时候，就是记忆单词的形、音、意，只有把单词的形、音、意都记忆下来，我们才能在英语学习的过程中看得懂、听得懂。

记英语单词需要遵循一个原则和四个步骤。

一个原则就是效果大于道理。在记单词的时候，只要能记住单词的方法就是好方法。

四个步骤是发音、分析、方法、复习。

第一步，我们要了解英语单词的发音，因为学习英语的最终目的是和别人交流，而不是单纯地考试。

第二步，分析这个单词，看看这个单词里面有没有我们熟悉的部分。

第三步，结合英语单词记忆的方法来进行联想。

第四步，复习。遗忘是人类固有的惯性，哪怕是用一定技巧、方法进行记忆，我们也需要进行周期性的复习，以使记忆更加牢固。

来看个例子：

humorous 滑稽有趣的

这个单词是不是相对来说比较长呢？其实记住这个单词一分钟都不用，只要几秒钟就可以把它牢牢掌握。我们可以对这个单词进行拆分。

拆分：hu 虎　morou 摸揉　s 蛇

联想：老虎正在摸揉一条蛇

联想出来的这个画面是滑稽有趣的。

发现了没有？通过拆分、联想，我们一下子就可以把长难单词变成简单、有趣的图像。这一过程的难点在于：拆。具体拆什么内容呢？就是拆单词、拼音和编码。在一个单词里面，我们会遇到较熟悉的单词或者拼音。而编码是什么呢？和数字编码类似，英文字母也有编码。英文编码分成一级编码和二级编码，一级编码就是26个字母编码，二级编码是英语单词中常见字母组合的编码。现在，我们一起来学习一下字母编码吧！

第二节　字母编码

字母编码的编码规则主要涉及三方面，分别是形状、拼音和单词。

形状：比如，C 像夜晚会出现的什么呢？没错，像月亮。再如，J 就像钩子一样。这都是从字母形状的角度来编码。

拼音：比如，B 读起来像"笔"，所以 B 的编码是"笔"。再如，P 读起来像是"皮"，我们可以用"皮鞋"作为 P 的编码。

单词：比如，A 是"apple 苹果"的首字母，我们就用"苹果"作为 A 的编码。再如，D 容易让我们想到"dog 狗"这个单词，所以我们用"狗"作为 D 的编码。

字母	编码	字母	编码
A	苹果	N	门
B	笔	O	鸡蛋
C	月亮	P	皮鞋
D	狗	Q	气球
E	鹅	R	小草
F	斧头	S	蛇
G	哥哥	T	伞
H	椅子	U	杯子
I	蜡烛	V	漏斗
J	钩子	W	皇冠
K	机关枪	X	剪刀
L	棍子	Y	衣叉
M	麦当劳	Z	闪电

和数字编码的原理一样，字母编码也可以帮助我们快速地记住随机字母和英语单词。比如，我们想要记住以下这个非常长的字母串：

fhkajdgahle

要记住这样的随机字母串，我们需要先将字母转化成字母编码：

第一步，在脑海中想象出字母对应的编码图像。具体的编码还没有记住的同学可以看上面的表格。

第二步，进行联想。接下来我们可以一起来联想以下画面，开动你的想象力。

你手里拿着一把斧头砍坏了一把椅子，在椅子里面你发现了一把机关枪。你拿起它开始射击，枪里射出了很多的苹果。这些苹果射到了钩子上。这个钩子被狗叼着去送给哥哥。哥哥咬了一口这个苹果，然后把它放在椅子上。它顺着一根棍子滑了下去，砸到了一只鹅。

闭上眼睛回想一下这个故事。你是否把出现的物品都记下来了呢？斧子砍到了什么？机关枪里射出了什么？哥哥把什么放了椅子上？顺着这个故事把出现的物品转成英文字母，你就能得到原始的英文字母串。

当然，看到这里我相信肯定有人觉得这个故事太长了，并没有减少记忆负担。为了解决这个问题，出现了二级编码。还是记忆同样的字母串，我们将其按照下面的方式拆分开。

> fh ka jd ga h le

第一步，转化编码。

字母	fh	ka	jd	ga	h	le
编码	凤凰	卡	激动	嘎	椅子	了

第二步，进行联想。我们可以想象一只凤凰捡到了一张卡，非常激动，嘎嘎笑着摔倒在椅子上了。

发现没有？用双字母编码，要记住的编码的数量变为了1/2，这个故事相比上一个故事短了许多，因此记忆难度也低了很多。这就是双字母编码的优势。聪明的同学一定会想到，既然双字母编码就能把编码数量变为1/2，那么用更多字母的编码不是可以将记忆难度降得更低吗？比如，"sympathy 同情"这个单词可以分为 sym-pa-thy 三个部分，分别转化为舍友们、怕、桃花源三个编码，从而编成一个很短的故事：舍友们怕桃花源的怪物，不敢去，所以我很同情他们。

但是，万物有利就有弊，双字母的组合有 26×26=676 种，而三字母的组合有 26×26×26=17576 种，虽然并非每种组合都需要记忆，但是从双字母编码改换为三字母编码，记忆编码的工作量会大很多。因此，通常情况下，我们都会取长补短，使用单词中常见的字母组合，这些组合有的是双字母，有的是三字母甚至四字母。

针对所要记忆的单词的具体情况，合理拆分，就能在保证效率的同时，不增加额外的记忆负担。

这里给大家汇编了一套二级编码，牢牢记住，记单词的时候能用得上。

字母串	编码	字母串	编码	字母串	编码
ab	阿爸	dis	的士	ment	门徒
ac	艾草	br	病人	ous	藕丝
ad	阿弟	de	德国人	sc	蔬菜
pro	飘柔	ele	大象	sh	水壶
tion	男神	eve	猫头鹰	sp	水瓶
sion	女神	ff	狒狒	str	石头人
pr	仆人	fr	飞人	ty	汤圆
tr	铁人	fl	俘虏	um	幽默
rd	热点	ry	人鱼	un	联合国
rm	燃煤	rs	肉丝	ve	维生素

第三节　拆分联想法

前文提到了记忆法记单词的难点——拆。如何拆呢？遇到一个单词的时候，我们可以先将自己熟悉的部分拆出来，然后进行联想。那么单词中能让我们感到熟悉的部分都有哪些呢？分别是单词、拼音和编码。接下来我们会逐个进行讲解。

（一）拆单词

一个单词里面经常会有我们熟悉的单词，这个时候我们可以将这些熟悉的单词先拆分出来，再进行联想记忆。

我们先来仔细观察一下"capacity 容量"这个单词，里面有没有你熟悉的单词呢？相信你已经发现了，在这个单词里面有"cap帽子""a 一个""city 城市"。找到这些熟悉的部分之后，接下来就可以进行联想了。

我们可以想象一项巨大的帽子，它能盖住一个城市。也就是说，这顶帽子的"容量"巨大！

再举一个例子："manage 管理"。首先，还是看看这个单词里面有没有熟悉的单词。很容易就会找到两个，分别是"man 男人"和"age 年龄"。

我们可以想象男人到了一定的年龄才会有管理经验。这样，我们就记住了这个单词。

用中英互译的形式检验一下自己的记忆成果吧！

下面自己来练习一下。请自行拆分以下这些单词，进行联想记忆。

ant 蚂蚁　　　　assassinate 暗杀

catcall 喝倒彩　　　candidate 候选人

（二）拆拼音

很多时候，我们会在一个单词里面遇到和中文拼音一样的组合，比如 po 可以想到婆婆，re 可以想到热。将这些我们熟悉的组合拆分出来，接着再进行联想便可。

来看几个案例吧。

单词	拆分	联想
huge 巨大的	hu 虎 +ge 哥	一头老虎体型巨大，别人都叫它"虎哥"
pair 一双	pai 派 +r 人 *	派人去做事，是派一个人还是派一双人更保险呢？当然是一双人了
bare 赤裸的	ba 爸 +re 热	夏天爸爸很热的时候就会脱掉上衣，赤裸上身

* 在这里需要强调一点，拼音不一定需要全拼，首字母也可以。

在记完单词之后，别忘记用中英互译的方式检测一下记忆成果。

拆分练习试试看：

tie 领带　　guide 导游

rice 大米　　bandage 绷带

（三）拆编码

拆编码的方法一般不独立运用，往往是和前面两种方法结合在一起使用的。一般在对一个单词进行拆分之后，我们会先拆分我们熟悉的单词或拼音，接下来才是拆分编码。编码分为一级编码和二级编码，这方面的内容我们在前面已经讲过了。

同样地，我们用几个实际的单词作为案例来学习。

单词	拆分	联想
assess 评估	a 苹果 +ss 两条蛇 +e 鹅 +ss 两条蛇	你吃着苹果，评估左右各有两条蛇围攻一只鹅的战局

单词	拆分	联想
snack 小吃	s 蛇 +na 拿 +ck 刺客	一条蛇拿了刺客的小吃
pretend 假装	pre 仆人 +ten 十 +d 点	仆人在早上十点的时候，还假装说自己不知道时间

使用拆编码的方法需要更加灵活的思维。因为需要结合多种方法，所以在记忆完后更需要自我检测和及时复习。

试试看：

assess 评估   snack 零食

library 图书馆   chill 寒冷的

以上就是我们在遇到陌生单词的时候可以使用的一些方法。当然，在实际使用的过程中，你会发现单纯一种方法不能记忆所有单词，都需要综合使用多种方法。我们复习一下前面记忆的 humorous 这个单词，在这个单词里面既有拆分的拼音，也有拆分出来的编码。我们拆分单词的时候没有所谓的优先拆分，只需要将你第一眼看到的、最熟悉的部分拆分出来就可以了，剩下的部分再去思考其他。

我相信大家心中会有个疑问，那就是我们在记忆英语单词的时候都使用这种方法吗？不是的，在这里教给大家一个规则，那就是：简单的单词简单记。这句话是什么意思呢？意思是对于一些比较简单、一下子就能记住的单词，那就不需要再进行拆分了，比如 book、home、school 等单词，是一学就会的，就不需要再进行拆分记忆。

我们在什么时候才需要用记忆法来进行拆分和联想记忆呢？就是遇到一些长难单词以及看起来很简单但是经常会遗忘的单词。当然，和传统的记忆方法不一样，你会发现当你经常使用记忆法来拆分记忆之后，记忆英语单词的速度会越来越快，对记忆方法也会运用得越来越熟练。基本功打牢之后，我们就能够掌握将一整本英语字典里面的单词记忆下来的方法。

除了以上的拆分联想法外，我们还要给大家分享词根词缀法，这也是比较实用并且方便大家记忆的方法。

初中以及高中之后，要记忆的单词量越来越大，也不像小学时期的单词那么好记，这个时候我们就会学习到词根词缀，这是英语学习里面非常重要并且必须掌握的工具。

第四节　词缀法

英语单词并不是由字母随意堆砌而成的，而是由有意义的词根、前缀、后缀组成。一般来说，词根决定单词意思，前缀改变单词意思，后缀决定单词词性。

当我们记忆少量单词时，联想记忆法可以帮助我们快速掌握这些单词，但如果想要掌握上万个英语单词，那就需要学习并且掌握词缀法了。掌握了英语的词根、词缀，就如同熟知了汉字的偏旁部首，不但有利于推断一些生词的意思，还能帮助我们更加迅速、高效地记忆单词，达到举一反三、事半功倍的效果。

接下来我们通过一个单词来举例，什么叫作前缀和后缀。前缀就是放在词根前面的部分，后缀就是放在词根后面的部分。

（一）前缀

happy 是"快乐"的意思，现在我们给它加上一个前缀 un-，这是一个否定前缀，表示"不、非"，happy 是"快乐的"，那么"unhappy"就是"不快乐"的。在 unhappy 这个单词里面，happy 是词根，un-就是词缀里面的前缀。

在英语中，前缀就像汉字中的偏旁部首一样，当我们提前掌握了前缀的意思之后，通过推理的方式就可以知道一个单词的意思。接下来我们举一反三。

clear 清楚的   unclear _____

believable 相信的   un- ⟹   unbelievable _____

friendly 友好的   unfriendly _____

给这三个单词加上否定前缀 un-，它们会变成什么意思呢？自己尝试着去将它们的意思写在横线上。

下面公布答案，它们的意思分别是：不清楚的、不相信的、不友好的。你写对了吗？

由此我们知道，掌握了英语单词的词根、词缀，我们就能够自己推理单词意思了。那么接下来，我们再学习一个常见的前缀 re-，有"再、重复"的意思。

use 是"使用"的意思，那么前面加个 re-，reuse 就是重复使用的意思。其中，re- 是前缀，use 是词根。

接下来自己练习。

start 开始   restart _____

view 浏览、看   re→   review _____

construction 建设   reconstruction _____

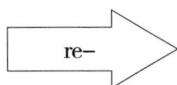

猜猜它们是什么意思，写在横线上。

没错，这些单词的意思分别是重新开始、复习和重建。

当你掌握了英语的词根、词缀，就会发现自己具备了举一反三的能力。下面我给大家总结了英语单词中常用的前缀，大家试着用我们的记忆法将它们牢牢记住。

前缀	含义	词例
ab–	反常	absent 缺席
bi–	两，重	bicycle 自行车
com–	共同	combine 联合
dis–	分开	disarm 裁军
im–/in–	内向，不	impossible 不可能的；informal 非正式的；inhuman 不人道的
non–	无	nonparty 无党派的 nonmetal 非金属
pro–	向前	progress 进步
re–	回，重新	review 复习

这里有英语当中常用的一些前缀，那么，如何用记忆法来将这些前缀给记住呢？很简单。

比如，ab- 表示反常，还记得 ab 的二级编码是什么吗？阿爸。所以我们可以将阿爸和反常联想在一起。我们想象有个很反常的阿爸，经常做一些我们不能理解的事。所以 ab- 对应的前缀意思就是"反常"。

再如，bi- 表示"两、重"，这个记起来也很简单，我们可以想象有两支重合在一起的笔（bi），所以 bi- 就是"两、重"。

以此类推，下面大家可以用联想的方式将上面的前缀都牢牢记住。接下来考考自己。

前缀	含义	前缀	含义
ab-		im-/in-	
bi-		non-	
com-		pro-	
dis-		re	

如果以上的前缀都能默写正确，那么恭喜你，你已经学会怎么记忆前缀了。下面还搜罗了一些英语前缀供大家挑战记忆。记忆之前可以给自己准备一个秒表，看看全部记忆下来大概需要多长时间。

常用前缀	含义	词例
a-	表示 in, on, at, with, by, of, to 等意义	ahead 在前头，向前；asleep 在熟睡中；ashore 在岸上；aside 在一边
	加强或引申	afar 遥远地；aloud 高声地；arise 升起
	不，无，非	atypical 不典型的；amoral 非道德性的；asocial 不好社交的

常用前缀	含义	词例
ante-	前，先	anteport 前港，外港；antechamber 前厅，前室；antedate 以前的日期
anti-	反对，防止	antiwar 反战的；antiscience 反科学；anti-colonialism 反殖民主义
auto-	自己，自动	autoalarm 自动报警器；autograph 亲笔签署；auto-timer 自动定时器
by-	旁、侧、偏、副，非正式	bystander 旁观者；bystreet 旁街；by-product 副产品
circum-	周围，圆形，环绕	circumfluence 周流，环流；circumlunar 环月的；circumstance 环境
co-	共同（在数学及天文学上表示"余"）	cooperation 合作，协作；co-worker 共同工作者，同事；comate 同伴，伙伴
col-	用在 b,p,m 之前，表示"共同"	compound 混合，混合物；combine 联合；companion 同伴，同事
con-	共同	concentric 同一中心的；concolorous 同色的
con-	加强或引申意义	condense 凝结，缩短；confirm 使坚定，证实
contra-	反对，相反	contradict 反驳，相矛盾；contra-missile 反弹道导弹
corre-	加强或引申意义	correlation 相互联系，相关性；correspond 符合，相应

常用前缀	含义	词例
counter–	反对，相反	counteraction 反作用；counterrevolution 反革命
de–	否定，非，相反	decolonize 使非殖民化；denationalize 非国有化
	除去，取消，毁	deforest 砍伐森林；de-oil 脱除油脂，decode 解密码，译码
	出，离开，下	debus 下汽车；derail 使火车出轨，离轨
	向下,下降,降低,减少	depress 压低，抑制；devalue 降低价值，贬值；degrade 堕落，下降
	使成，作成，加强或引申意义	delimit 划定界限；design 计划，设计；depicture 描绘，描述
em–	用在h,p,m之前，表示"置于……之内"	embus 装入车中，上车；emplane 乘飞机；embog 使陷入泥塘
	用……做某事	emplume 饰以羽毛；embank 筑堤防护；embalm 涂以香料
	使成某种状态，致使，使之如，作成	embow 使成弓形；empurple 使发紫；embody 体现，使具体化

常用前缀	含义	词例
en-	加在名词之前构成动词，表示"置于……之中，登上"	encage 关入笼内；encase 装入箱中；enroll 记入名册中
	加在名词之前构成动词，表示"用……来做某事，饰以，配以"	enchain 用链锁住；enrobe 使穿长袍；entrap 用陷阱诱捕
en-	加在形容词及名词之前构成动词，表示"使成某种状态，致使，使之如，作成"	enable 使能够；encourage 使有勇气；enrich 使富足
	加在动词之前，表示 in，或只作加强意义	enwrap 包入，卷入；enclose 圈入，关进；enfold 包入
ex-	出，外，由……中弄出	export 出口，输入；expose 展出，揭露；exclude 排外，排斥
	前任的，以前的	ex-president 前任总统；ex-major 前任市长；ex-soldier 退伍军人
extra-	以外，超过	extrapolitical 政治外的，超政治的；extralegal 法律权力之外的；extraofficial 权职之外的
fore-	前，先	foretell 预言；foresee 预见；forefather 前人，祖先

常用前缀	含义	词例
hemi-	半	hemisphere 半球；hemicycle 半圆形；hemipyramid 半锥面
il-	用在 l 之前，表示"不，无，非"	illegal 非法的；illiterate 不识字的；illogical 不合逻辑的
	加强或引申意义	illuminate 照耀；illustrate 说明，表明
inter-	在……之间	international 国际的；intercity 城市间的；interpersonal 人与人间的
	互相	interact 互相作用；interchange 互换；interweave 混纺，交织
intra-	在内，内部	intraparty 党内的；intraday 一天之内的；intragroup 一组之内的
ir-	用在 r 之前，表示"不，无，非"	irregular 不规则的；irresistible 不可抵抗的；irrational 不合理的
	向内，入	irruption 闯入，侵入；irrigate 灌溉
	加强意义	irradiate 照射，放射
mal-	恶，不良，失，不（亦作 male-）	maltreat 虐待；malposition 位置不正；malfunction 失灵，故障

　　如果记忆上面这些前缀仅仅需要十几分钟，那么恭喜你，你的记忆能力已经得到很大的提高了。对于一个记忆高手来说，只需要不到 5 分钟的时间就可以记忆完上面的内容。大家多加训练吧！向成为一名记忆高手出发！

（二）后缀

通过上面的学习，我们知道了在英语当中存在前缀。下面我们要讲英语中的后缀。前缀改变的是词义，而后缀改变的是词性。什么是词性呢？指的就是名词、动词、形容词等。

1.–er 表示"人、物"

teach 这个单词是教学的意思，本身是个动词，如果我们给它加上一个表示"人、物"的后缀 –er，它就会变成一个名词。teach 教学，–er 人，教学的人是谁呢？没错就是老师了，所以 teacher 就是老师的意思。

再如，wait 这个单词是等待的意思，我们也给它加上一个 –er，wait 等待，–er 人，等待的人是谁呢？没错，就是服务员，所以 waiter 就是服务员的意思。

2.–ful 形容词后缀

这是一个常见的形容词后缀，单词加上 –ful 之后就会变成"……的"。比如：

care 关心   –ful   careful 小心的

hope 希望   hopeful 有希望的

peace 和平   peaceful 和平的

从以上例子我们不难发现，后缀一般改变的是一个单词的词性。一个动词加上后缀之后可能会变成名词或者形容词。后缀也是英语学习中需要我们掌握的。下面，我们来挑战记忆一下后缀吧！以下后缀给自己计计时。

后缀	含义	词例
–able	可能的	movable 可移动的
–or	人，物	actor 男演员
–ist	人	copyist 抄写员
–ment	行为	enjoyment 娱乐
–ing	令人……	exciting 令人兴奋的
–ed	感到……	excited 感到兴奋的
–less	没有的	resistless 不抵抗的
–ly	副词后缀	gently 轻轻地；intently 专心地
–tion	名词后缀	graduation 毕业

记忆完毕，接下来给自己一分钟的回忆时间，然后开始答题。

后缀	含义	后缀	含义
–able		–ed	
–or		–less	
–ist		–ly	
–ment		–tion	
–ing		—	—

答题结束之后对照一下。你全对了吗?

下面同样为大家准备了一些后缀，可以给自己计时，看看全部记住需要多长时间。

常用后缀	含义	词例
-ability	名词后缀，由 -able 加 -ity 而成，表示性质，状态，含义为"可……性，易……性，可，易"	readability 可读性，易读；useability 可用性，能用；dependability 可靠性
-able	形容词后缀，表示"可……的，能……的，易……的"，或具有某种性质的，对应副词后缀为 -ably。参见上条及下条	knowable 可知的；movable 能移动的；adaptable 可适应的 注：有一部分词无带 -bility 后缀的对应名词，如 peaceable，laughable，comfortable，valuable，passable，honorable
-ably	副词后缀，由形容词后缀 -able 转成，表示"可……地，……的"。参见上条	peaceably 和平地；lovably 可爱地；changeably 可变地
-acy	名词后缀，构成抽象名词，表示状态，行为，职权，性质等	supremacy 至高，无上；literacy 识字；privacy 隐居，私下
-ade	构成抽象名词，表示行为，状态，事物	escapade 逃避；blockade 封锁；ecade 十年
	表示物（由某种材料制成者或按某种形状制成者）	orangeade 橘子水；lemonade 柠檬水；arcade 拱廊
	表示参加某种行动的个人或集体	brigade 旅，队；crusade 十字军；renegade 叛徒，变节者

常用后缀	含义	词例
-age	表示集合名词，总称	wordage 文字，词汇量；tonnage 吨数，吨位；peerage 贵族社会
	表示场合，地点	orphanage 孤儿院；hermitage 隐士住处；cottage 村舍
	表示费用	railage 铁路运费；postage 邮资，邮费；haulage 运费
	表示行为或行为的结果	clearage 清除，清理；espionage 间谍活动；leakage 漏
-age	表示状态，情况，身份及其他	shortage 短缺，不足；pupilage 学生身份；visage 面貌
	表示物	package 包裹；roofage 盖屋顶的材料；bandage 绷带
-aire	名词后缀，表示人	millionaire 百万富翁；solitaire 独居者，隐居者；concessionaire 特许权所有人
-al	形容词后缀，表示属于……的，具有……性质的，如……的	educational 教育的；natural 自然的；coastal 海岸的
	名词后缀，构成抽象名词，表示行为、状况、事情	renewal 更新；refusal 拒绝；survival 幸存
	表示人	criminal 犯罪分子；rival 竞争者；rascal 歹徒
	表示物	manual 手册；signal 信号；hospital 医院

常用后缀	含义	词例
–ality	复合后缀，由形容词后缀 –al 加名次后缀 –ity 而成，构成抽象名词，表示状态，情况，性质	personality 个性，人格；nationality 国籍；logicality 逻辑性
–ally	副词后缀，复合后缀，由 –al 加 –ly 而成，表示方式，程度，状态	continually 连续地；systematically 系统地；conditionally 有条件地

　　掌握词根词缀，可以让我们在单词学习中更加轻松和高效，能让我们拥有举一反三的能力。接下来把单词背起来吧！背得越多，记得越多，单词量越大，英语基本功就会越扎实！

第八章　竞技记忆

第一节　世界记忆锦标赛介绍

相信大家都曾经在《最强大脑》或者其他综艺节目上见到过许多记忆力超强的人。这些人仿佛是上天眷恋的宠儿，他们能在很短的时间内就记下大量信息，甚至有人能将《新华字典》《牛津字典》等内容全部背诵下来，这些人就是世界记忆大师。

也许很多人会觉得他们是天生的记忆达人，但其实，世界记忆大师们的记忆能力和普通人差不多。说到这里，你可能在想，这怎么可能呢？和普通人一样的话为什么他们能够在几十秒的时间里就记住一副随机打乱的扑克牌、一分钟记住上百个随机数字？原因很简单，他们掌握了正确的记忆方法，并且经过专业记忆训练。其实只要掌握正确的方法并进行训练，你也可以成为世界记忆大师。

世界记忆大师源于一个神秘的比赛——世界记忆锦标赛，这是全球顶尖的记忆力赛事，如果你能够在这个比赛中拔得头筹，那么说明你对记忆技巧的运用已经达到了顶尖的水平。下面我们将会带领你一起去探寻神秘的世界记忆锦标赛，一起来了解一下"最强大脑"的摇篮吧！

世界记忆锦标赛（World Memory Championships）是由世界大脑先生、思维导图发明者、世界记忆之父东尼·博赞先生和世界著名象棋大师雷蒙德·基恩共同发起，由世界记忆运动理事会（WMSC）组织的世界高水平的记忆赛事。

世界记忆锦标赛的历史可以追溯到1991年，东尼·博赞提出申办世界性高水平的记忆运动，立刻得到包括列支敦士登王室在内的社会各界的欢迎。第一届世界记忆锦标赛在英国大脑基金会的赞助下举行。

2004年墨西哥国际赛事有65家国际媒体进行全程直播，伦敦《泰晤士报》更是将2004年赛事列为头版新闻予以报道。2017年，在中国深圳举办的世界记忆锦标赛上，中国记忆训练思维专家方然领导的未来智谷全场直播，进一步在中国推广此项赛事。迄今为止，世界记忆锦标赛已在以下国家成功举办：英国、美国、中国、澳大利亚、南非巴林、德国、马来西亚、墨西哥和新加坡。随着赛事的影响力日益扩大，越来越多的国家开始重视并参与这项竞赛。

经过多年的发展，造就了无数大脑明星的世界记忆锦标赛已成为在脑力奥林匹克运动方面有巨大影响力的国际性赛事，每年都有来自世界各地二十多个国家的成千上万名记忆选手报名参加，它代表了世界上记忆技术高水平的国际性大脑思维竞技赛事。

在中国，江苏卫视的《最强大脑》节目连续多季邀请的国内外选手，80% 以上都来源于在世界记忆锦标赛中历练过的优秀赛手，他们中的大多数人都拥有世界记忆大师资格证书，有的甚至是多个项目的世界冠军、全能项目的全球总冠军！

（一）世界记忆锦标赛的四种竞赛等级

城市赛：在各个城市举行的竞赛，然后各组别根据分数来确定晋级国家赛或国际赛的名额。

国家赛：国家最高级别的赛事，国家赛出线的选手晋级世界赛。

国际赛：又称公开赛，每年不定期举行，让各个国家的选手同台竞技交流，现在国际赛的分数会带入国家赛参与世界赛晋级选拔。

世界赛：这是顶级的赛事，是高手必争之地，也是获得世界记忆大师必须参加的赛事。

世界记忆锦标赛的晋级方式：城市赛→国家赛→世界赛。

注：国际赛一般是独立的，但可能会参与晋级世界赛。同时，参赛人员较少的国家一般直接晋级世界赛。

（二）世界记忆锦标赛共有十大项目

十大项目	城市赛	国家赛	国际赛	世界赛
人名头像	5分钟	15分钟	15分钟	15分钟
二进制数字	5分钟	30分钟	30分钟	30分钟
马拉松数字	15分钟	30分钟	30分钟	60分钟

十大项目	城市赛	国家赛	国际赛	世界赛
抽象图形	15 分钟	15 分钟	15 分钟	15 分钟
快速数字	5 分钟	5 分钟	5 分钟	5 分钟
虚拟历史事件	5 分钟	5 分钟	5 分钟	5 分钟
马拉松扑克	10 分钟	30 分钟	30 分钟	60 分钟
随机词汇	5 分钟	15 分钟	15 分钟	15 分钟
听记数字	100 秒和 300 秒	100 秒和 300 秒	100 秒、300 秒和 550 秒	200 秒、300 秒和 550 秒
快速扑克	5 分钟	5 分钟	5 分钟	5 分钟

（三）记忆大师终身荣誉称号

选手在官方认可的世界赛中，如果成绩达到相关要求，分别授予以下称号并颁发证书。

1. 国际记忆大师（International Master of Memory，IMM）

＊1 小时内记住 1400 个随机数字

＊1 小时内记住最少 14 副（728 张）扑克牌

＊40 秒内记住 1 副扑克牌

＊达标当年须 10 个项目都已参赛，且总分达到 3000 分以上

注：三项标准都要达到。但是，三项标准不一定要在同一年达到。

2. 特级记忆大师（Grandmaster of Memory，GMM）

* 先要达到 IMM 要求

* 在当年的世界赛中获得最少 5500 分的前 5 名选手

注：每年只评出 5 个新的 GMM 名额，已经获得过 GMM 证书的选手不会重复颁发。

3. 国际特级记忆大师（International Grandmaster of Memory，IGM）

* 在世界赛中获得最少 6500 分的选手

注：每年不限名额数量。

参加记忆竞赛对于提升我们的想象力、记忆力、专注力，都是非常有帮助的。数字记忆，不是机械地死记硬背，而是要把抽象、枯燥的数字，通过活泼的想象力，转化为生动的图像，像看电视、看电影、看动画那样来进行记忆。这个过程中，我们的想象力得到了训练，把原本枯燥乏味的资料，变成了有趣好玩的画面，有了这种化腐朽为神奇的能力，我们自然就能专注在学习之中。

而马拉松记忆，要求在一个小时记住 1040 个以上的数字或 11 副以上的扑克，一小时记忆再加上一小时回忆，连续两个小时的高强度专注，这对于提升我们的专注力，有巨大的帮助。

通过记忆训练，有效地提升我们的专注力，必然能极大提升学习和工作的效率。很多的学员参加了记忆竞赛，开启了更加美好的人生！

彩蛋 2
地点桩 Q&A

在比赛当中，大部分项目我们都是用地点法来进行记忆的，那么这个时候作为记忆的载体，地点桩的选取就至关重要了。好的地点桩将会让我们在记忆的过程中事半功倍。接下来，我们就来详细地了解一下专业的记忆选手是如何选取地点桩的吧！

记忆宫殿中有序的事物就称为"桩"，主要是作为承载信息的载体。现在我们来看记忆的过程。

第一步：将信息图像化。

第二步：图像放在桩上记忆。

第三步：回忆的时候我们依次回忆桩，再想到桩上的图像，然后转译为原有的信息，这样整个记忆回忆过程就完整了。

第四步：快速定位，需要哪部分信息，通过桩的顺序迅速定位，再提取出对应的信息，这就是点背、倒背的原理所在。

1. 桩有哪些类别

依照桩的构成内容可分为：地点桩、数字桩、身体桩、人物桩、文字桩、万事万物有序事物桩。

依照桩的真实特性可分为：实体桩和虚拟桩。

依照桩的空间特性可分为：室内桩和室外桩。

2. 什么是地点桩

顾名思义，地点桩就是将地点当作桩子来用，目前绝大部分的竞技选手都采用地点桩进行比赛。这种技法就被称为：定桩法。

仔细思考一下地点桩的实质是什么，是安放的编码的位置吗？又或是安放编码

的空间呢？地点桩的实质就是一组组有序的空间。但空间中的实物又是不可或缺的，一方面是它构成的这个空间，另一方面它给这个空间戴上了特征标识，以便让你能把它与其他空间区分开来。

3. 虚拟桩适合竞技吗

虚拟桩主要用在这样的情况下：这个地点桩不太好用，我们会在脑海中对它进行加工再处理。但是，它始终是建立在实物的基础之上的，当然，它是虚拟桩，真实情况的不是这样的。

目前，90% 以上的竞技选手用的都是实物桩。为什么？这是由于虚拟桩本身存在缺陷。

虚拟桩本身的空间感很难感受。我们身处一个真实空间，会不经意间注意到这个空间的很多细节，如方位、感受等，但是虚拟桩大都是图片形式，是二维的，你体会不到那种空间感。哪怕是 3D 图形，也很难让你身临其境。

虚拟桩缺乏路线感。大多数虚拟桩的展示都是上帝视角的，一览无余。但是现实情况下你是走过去观察的，这里面就有路线，有方位。

这就造成用虚拟桩来记忆是不深刻的，就像是在纸上作画一样，记忆的深度不够，就很容易忘记，这就是竞技选手大多不采用虚拟桩的原因。

当然，虚拟桩也有自己的优势：快速扩容。制定 1000 个虚拟桩可能只需要几天，但是找到 1000 个实体桩可能要好几个星期。但是，想要成为一名高水平竞技选手，你必须克服找桩这个困难，自己去找桩。

4. 室内桩和室外桩有什么差异

有的选手认为室内桩好，有的选手认为室外桩好。我们来分析二者的特点：

室外桩大多是路线桩，跨度大、空间广、

多连续。

室内桩大多空间小，但是组与组之间跳跃性比较强。

二者的特点造就了以下的差异：

（1）桩的大小差异。室内桩普遍比较小，室外桩偏大一些。

（2）桩与桩之间的距离差异。室内桩距离短，室外桩距离较长。

（3）转桩的连续性差异。室外桩会更好。随着熟悉程度的提升，差距最终不明显。

（4）找桩难度的差异。室外桩是比较难找的，每次找桩需要进行长距离步行。室内桩相对来说找桩容易一些，但是桩重复度比较高。

5. 地点桩的选取有什么原则呢

原则一：稳

这里的稳有两层意思：一是地点桩本身要稳，随风飘的芦苇、斜着看起来可能要倒的瓷器不会是好的地点桩的选择。二是编码能够放置得稳，放在斜坡上或者竖的电线杆上不是很好的选择桩。

如果做不到"稳"，在记忆的时候你就会担心"会不会掉下去？""会不会倒掉？""会不会靠不上去？"等问题，这就是"记忆影响状态"，在这种状态下记忆效果是比较差的。

原则二：空间大小合适

认识到地点桩的本质是空间后，针对空间的大小限制就很好理解了。什么叫合适？即大多数情况下你的编码都可以很自然地放置在这个空间内。空间太大和太小都会带来问题：空间太小编码就看不清，而且显得太空旷；空间太大则编码需要进行缩放，或者硬放进去把背景全部遮挡了。这些都是不太好的现象。

6. 地点桩的选取推荐

推荐一：桩与桩之间距离合适

距离要是太近，后一个地点桩上的图像容易受到前一个的干扰。距离太远的话又会有比较大的不连续感。合适的距离参考值为 0.5~10 米。

推荐二：高度合适

地点桩的高低也会影响你的记忆情况。太高的话需要抬头去看，这样就容易打乱记忆节奏。太低的话不容易看到编码，还容易受到光线昏暗的影响。合适的高度是：以 45° 角往下看，距离 2 米左右能看到全貌。

推荐三：光线合适

这个就很容易理解了，太暗了看不清，太亮了又太刺眼。所以傍晚时分找桩、阴雨天找桩都不是好的选择。

7. 地点桩的选取禁忌

禁忌一：忌平面

用一堵墙做地点桩行不行？尽量不要，因为一堵墙太单调了，不容易对大脑产生空间的刺激。同时，墙一般太大了，容易显得空旷。平面给人的感觉就是将三维降成了二维，这是很不好的体验。所以不推荐地点桩呈现比较明显的平面状态。一般地点桩的路线也不会是直线，而是曲曲折折的，也是同样的道理。

禁忌二：忌动态

桩不要是动态的东西，这个很好理解，因为你会担心桩跑了。

禁忌三：忌视角转换过大和路线交叉

这是涉及桩的视角转换问题，我们从一个桩到相邻另外一个桩的视角变化尽量不要太大，否则会给你的记忆带来额外的负担——你要考虑是转头或者是转身。这就很不方便了，不

仅影响速度还影响记忆正确率。

路线不要交叉的原因就是要保持视角的可确定性。一旦交叉，可能你就分不清方位了，还有可能造成你下一个桩的视野里面出现之前的桩，从而影响你的焦点。

8. 如何找地点桩

第一步：准备工作

确定要去找地点桩的地方；确定每个地方大致要找多少桩；研究好交通工具；带好必备物资，如拍照工具、钱包、雨具、手机、充电宝等。

一般情况下去学校、小区、公园、医院、商城、超市、体育场、游乐场等地方。

第二步：拍照

地点桩是不是一定要拍正面呢？当然不是。基本是按照正常的路线视野来拍的，不然在记忆的时候会存在一个调整视角的动作。推荐与桩距离一般1.5~2.5米，斜45°左右向下拍，照片中一定要展现出物体形成的用于放置编码的空间。

第三步：及时复习

每拍完一组地点桩，强烈建议大家立即过一遍，不熟悉的看图片回想一下，顺畅地记住之后再去拍下一组地点。一天的地点拍完之后，晚上回去把所有地点过一遍。接下来的记忆训练中，优先使用不熟悉的地点，可以让你更快地掌握新的地点。

第四步：整理

地点桩整理可以帮助我们快速地熟悉地点，也能让我们在长久不用地点后快速地捡回地点。与编码闪视相同的方式，推荐进行地点桩闪视训练。

9. 一组地点桩要多少个

很多人有个误区，一组地点桩要30

个。这 30 个只是教学给出的一个参考值，而不是必须值。一组地点桩多少个根据什么而定呢？

第一：根据记忆材料而定

比如，抽象图形这个项目，一页 10 行，如果一行采用 2 个地点桩记忆，那一页就需要 20 个地点。如果采用 30 个一组的话，每组就是 1 页半的记忆量，这是很不舒服的。所以推荐抽象图像项目使用的地点桩一组定为 20 个。

再如，扑克地点桩，只需要 26 个地点，如果使用 30 个，那么剩下的那 4 个就处于长期闲置状态，这是浪费资源。

第二：根据记忆能力而定

以快速数字项目为例，记忆高手可能一次记忆 300 个数字，再复习一次，那么一次就需要 75 个地点桩（1 个地点桩上放 4 个数字）。此时，一组地点桩定为 75 个就刚好。而对于刚入门的选手，可能一次只能记忆 100 个数字，那么就像一组地点桩定在 25 个就好。

所以，随着竞技水平越来越高，地点桩的每组数量是要更新的，从而保证记忆节奏更好。

10. 如何让编码在地点桩上记忆得更深刻

第一：让图像出得清楚

在图像记忆中很好理解，图像越清晰，记得自然越深刻。

第二：让场景中的信息更丰富

研究表明：动态的、有逻辑的、夸张的、感情的、具有强烈刺激的事物对大脑的刺激更强，所以我们要适当地偏向这个方向。例如，让编码动起来，给编码出现在这里和做动作想一个合理的逻辑，让编码和动作夸张化，等等。主要的目的就是增加我们记忆信息的层面。

第三：让编码与地点桩互动

这主要是为回忆准备的。虽然记住了编

码，但是回忆的时候想不起来或者不知道是在哪个地点桩上，这和没记住一样的。所以要让编码与地点桩产生互动。怎么互动呢？有两种方式：一种是重度互动，如编码破坏地点桩，这种互动很直接。另一种是轻度互动，如轻轻碰一下、放在特定物体上面等，这种感觉轻盈，更主要目的是将编码和地点桩做适当联系从而出图。

第二节　人名头像记忆

（一）项目介绍

目标：在规定时间内记忆人名和头像，并于回忆时将人名跟头像正确搭配，记得越多越好。

时间	城市选拔赛	中国赛	世界赛
记忆时间	5分钟	5分钟	15分钟
回忆时间	20分钟	20分钟	35分钟

记忆部分：

（1）每张不同人物的彩色照片（没有背景的头肩照）下有姓和名。

（2）头像的数目为现时世界纪录加20%。

（3）人名为随机编排，以避免选手从头像的种族得到提示。

（4）人名中包含不同的种族、年龄和性别的头像。其中男女比例为 1∶1，成人和小孩比例为 4∶1，大约三分之一的成人会是 15~30 岁，三分之二为 31~60 岁和 60 岁以上的长者。

（5）姓和名是随机编排的（例如，一个人可能会有欧洲人的姓氏和中国人的名字）。

（6）名字根据性别分配（例如，女性名字只会配女性头像）。

（7）在比赛中，每个名字或姓氏只会出现一次。

（8）带有连字符号的名字（如苏 – 爱伦或巴顿 – 史高夫）将不会使用，因为于一些地方（如中国）这样的名字会视为两个名字。

（9）对于用英语作答的选手，请注意中文名字如果是两个字，翻译成英文后会以一个字书写，且当中的第一个字会以大写起头。例如，建邦翻译成英文就是 Kinpong。

（10）对于用英语作答的选手，请注意有些名字或会有重音符号，但作答时并不需要写上，分数不会因没有重音符号而减少。

（11）地区赛事中不能有任何族群倾向。例如，法国赛事中不能只有法国人的名字。

照片的编排为以下之一：

每张 A4 纸中有三行，每行三张照片；

每张 A3 纸中有三行，每行五张照片；

每张 A3 纸中有四行，每行六张照片。

选手如不使用欧语字母（如中文、阿拉伯文或北印度文）可于比赛前最少两个月向组委会提要求，将问卷翻译为其所用的文字。

（12）选手可以使用直尺、笔等文具。

回忆部分：

（1）答卷上彩色照片的规格与问卷一样，只是照片顺序会打乱，并且没有姓名。

（2）选手必须清晰地于照片下方写上正确的姓和名。如果问卷中有多于一种文字（如英文和简体中文），选手只能选其中一种文字作答。

（3）最新的答卷中，在每张照片下面会有两条隔开的横线。选手要在第一条横线上写上名，第二条横线上写上姓，不可颠倒或者写在两条横线中间。

计分方法：

（1）正确的名字得一分。

（2）正确的姓氏得一分。

（3）若只写上姓氏或名字亦可得分。

（4）问卷上不会有重复的姓氏或名字。同样地，答卷上不应有重复的姓氏或名字。如有姓氏或名字在答卷上重复多于两次，例如，写了三个"马文"，则答卷的分数根据姓氏或名字每个扣0.5分。所以，请选手不要写同一个信息（姓或名）超过两个。

（5）错误填写的姓氏或名字得0分。

（6）姓氏和名字，其次序必须跟问卷的相同。如次序颠倒，便作0分计。

（7）没有姓氏或名字将不会倒扣分。

（8）总得分有小数点时，四舍五入。

（9）如果同时使用两种语言作答，用另一种语言作答的正确答案将不获得分数。例如，大部分答案用简体中文答，而有一个答案用英文答，使用英文作答的部分将不获分。

（10）如有相同分数，胜出者为较少犯错的一位。

（二）记忆方法

人名头像对于大多数中国选手来说是比较难的一个项目，因为在比赛当中我们遇见的基本都是外国人名，如亚历克斯、卢克比等，外国人名相对中国人名来说比较拗口，记忆难度也比较大。将人名转化成图像的过程比较难，不太容易出图，并且回忆的时候也容易出现写错字的情况。比如，我们在记忆过程中记的人名是"爱丽丝"，回忆的时候可能会写成"爱丽斯"或者"艾力斯"。之所以出现这种错误，是因为我们对人名的转换大多数是通过谐音，回忆的时候写错字是很正常的，但不用担心，大多数人名的一些字都是固定的，比如，"埃里克森"一般都是这个"埃"而不会是其他字。只要训练量足够，错字的情况很少发生。

人名头像既是一个比较难的项目，也是一个比较简单的项目，在记忆之前我们需要遵守以下记忆原则：

第一，超过三个字的人名不记，建议只挑两个字或一个字的人名来记，因为你花在记一个三个字的人名的时间可能足够记两三个只有两个字的人名了。所以尽量"跳过长，只记短"，如果你是个强迫症患者，非要按题目顺序一个个记完的话，那只能说加油了。比赛的题库是完全足够的，不用担心只有两个字的人名不够。

第二，对于比较难出图或者很耗费时间出图的人名不记，直接跳过。如果你遇见某个人名很难出图，超过三秒脑海中还没有图像，放弃，进入下一个。

第三，记忆过程以稳为主，不要只追求速度。人名头像是个较难的项目，它不像数字编码一样，某些信息遗忘了还能找回来，所以记忆过程中尽量把握平稳的记忆节奏，确保自己有回忆的线索，出图清晰，能够根据人物的特征回忆起人名。

人名的记忆方式只需要把握两个点，一是找人物身上的特征，二是对人名进行转化图像，最后只需要将两者联想联结在一起便可。

第一阶段：找人物身上的特征

人物的特征很简单，如耳环、项链、戒指、手势、头发、衣服等，一般特征点只找一个，给我们提供回忆的线索就可以了。比如：

亚历山大·乔布斯 （头发比较少）	乔纳斯·基隆 （手臂举起）	爱丽丝·方 （头发上有发夹）

记忆三部曲：

（1）比如，第一个人头发比较少，我们那就将这一特征作为联想点；特征找好之后我们来看一下人名，先看姓"亚历山大"，我们可以稍微谐音一下"压力山大"，"乔布斯"我们很容易想到苹果的创始人。如果你不认识他也没关系，我们可以联想到苹果手机，用它来替代"乔布斯"；最后就是联想了，想象着这个男人压力山大，天天都要拿着苹果手机和乔布斯打电话，导致头发都掉光了。

（2）再如，第二个人举起了手臂，就把这作为联想点，"乔纳斯"可以想到"桥那死"，"基隆"谐音成"鸡笼"；联想就是，这个男人走到桥那就死了，因为手臂上抬的鸡笼太重了。

（3）第三个人头上有发夹，把发夹作为特征点，然后看人名"爱丽丝"可以转成"爱护美丽的发丝"，"方"谐音成"芬芳的气味"想象这个女性很爱护她美丽的发丝，不仅味道芬芳，还有个可爱的发夹。

第二阶段：人名转化

例如：卡次米→卡吃米。

人名转换，请将下面人名转成图像：

人名	图像
埃德	
凯文	
沃拉格	
路扎奥	
道格拉斯	
图马拉	

人名	图像
詹那	
伊达尔	
杰维里	
巴卡尔	
田亚楠	
保亚	
苏丹丹	
巴丹	
奎瓦斯	
苏德	
丰塞卡	
金明	
奥格	

在实践过程中，为了方便我们对人名进行转换，我会对一些常见的字进行编码。比如，"奥格"的"奥"编码成"奥特曼"，这样在记的时候就可以转成"奥特曼的哥哥（格）"。再如，有个名字叫"奥德利"，就可以迅速转化成"奥特曼得到一把利剑"。这种方式有点像对我们中国人名中的姓进行编码，因为

"奥""阿""埃""艾""亚""苏"等字在中文译名中比较常见，建议对其进行编码。

首字	编码	你的编码
阿	阿姨	
埃	埃及金字塔	
亚	亚瑟	
苏	苏打水	
奥	奥特曼	
沃	沃	
菲	飞利浦剃须刀	
图	图画	
路	路口	
鲁	鲁班	
乔	桥梁	
艾	艾草	
巴	巴掌	
奎	蝰蛇	
田	田地	
杰	杰克	
扎	扎针	

首字	编码	你的编码
凯	凯迪拉克汽车	

获取人名头像试题可以关注微信公众号"记忆小师甘考源"或"苏是苏泽河"。

人名头像训练记录

日期	记录		经验总结
	记忆时间	成绩	

日期	记录		经验总结
	记忆时间	成绩	

第三节　二进制数字

（一）项目介绍

目标：尽量记下更多的二进制数字（如：011011）。

时间	城市选拔赛	中国赛	世界赛
记忆时间	5分钟	5分钟	30分钟
回忆时间	20分钟	20分钟	90分钟

记忆部分：

（1）计算机随机产生的数字，每页25行，每行30位（即每页750个数字）。

（2）二进制数字的数目为现时世界纪录加20%。如果选手可以记忆更多的数字，须在比赛前一个月向组委会提出书面申请。

（3）选手可以使用直尺、笔、透明薄膜等文具协助记忆。

回忆部分：

（1）选手的答卷字迹必须清楚。修改时，不要直接将错写的0改为1，或者将错写的1改为0。应该先划掉错误的1或者0，然后在旁边空白处写上正确的0或1。

（2）选手答题时必须按照顺序。如果写错位了或者写漏了要插入，必须清楚地标记，同时在答卷空白处做文字说明。如果修改太多，建议直接举手要求裁判给一张新的答卷作答。

（3）选手可选择以空白格代替0。但每页的作答必须一致，即全是空白格或全是"0"。如果所有的空白格将当作"0"，结束行必须有该行完结的记号。

（4）在最后的一行中，选手必须做出一个清楚的完结记号，如"stop""end""E""e"或在最后作答的一格后划上条横线。

计分方法：

（1）完全写满并正确的一行得30分。

（2）完全写满但有一个错处（或漏空）的行得15分。

（3）完全写满但有两个错处（或漏空）及以上的一行得0分。

（4）空白行数不会倒扣分。

（5）对于最后一行，如果没有全部填完（如只写上20个数字），且所有数字皆为正确，其所得分数为该行作答数字的数目。

（6）如果最后一行没有全部填完，且所填的内容中有一个错处（或中间漏空），其所得分数为该行作答数字的数目的一半（如有小数点，采取四舍五入法）。

（7）如有相同的分数，将在选手已作答而没有得分的行中，以每个正确作答的数字为 1 分进行计分，分较高者获胜。

（二）记忆方法

二进制数的记忆方法比较简单。我们把二进制数以三个为单位分开来的时候，只有 8 种可能，它们对应的十进制数如下：

二进制转十进制表

000	001	010	011	100	101	110	111
0	1	2	3	4	5	6	7

比如，我们要记住 010111000111，对应上表把它转化成十进制数就是 2707。只要我们记住 2707 这四个数字，就记住了 010111000111 这一串二进制数。

记忆方法：

比赛过程中这个项目我们是可以动笔的，可以先将二进制数转化为十进制数。大概有三种方法：第一种方法是先用笔在纸上写出转化出的数，再记；第二种方法是边翻译边记；第三种方法是在脑中边转化边记。练到后期都是用第三种方法，可以节约大量的时间。

比赛时用的卷子是一行 30 个，共 25 行，总共 750 个二进制数，那么多久转化完一页是比较合适的呢？

第一种方法，2 分钟转化完一页为合格，1 分半转化完为优秀（用这个方法，一定要对转化时间进行严格把控，记住"记多少就转化多少"的原则，避免转化得太多却记不完的情况）。

第二种方法，根据个人记忆速度不同，标准也不相同，相对来说比较有难度，需要在不断练习中去适应。

第三种方法，90 秒联结完为合格，70 秒为优秀，60 秒为大神。

接下来一起进入实战练习吧！

二进制数问卷

```
0 1 1 1 0 0 0 1 0 1 1 1 0 0 0 0 1 1 1 0 0 0 0 1 0 0 1 1 1 0
0 1 1 0 0 0 0 0 1 0 0 1 1 1 1 1 1 0 0 0 1 1 0 0 0 1 0 1 0 0
0 0 1 1 0 1 0 0 0 1 1 1 0 1 1 0 0 0 1 1 1 0 1 0 1 0 1 0 0 0
0 1 1 1 0 0 1 0 0 1 0 0 0 1 1 0 0 1 1 0 0 0 0 1 1 0 0 0 0 1
1 1 0 1 1 0 1 1 1 0 1 1 1 1 1 1 0 0 0 1 0 0 0 1 0 0 0 1 1 1
1 1 1 0 1 1 1 1 0 1 1 1 0 0 1 0 0 0 0 1 1 1 1 1 0 1 0 1 0 0 0
0 0 0 1 0 1 1 1 1 1 1 1 1 0 0 1 1 0 1 1 1 1 1 0 1 1 0 0 1
1 0 1 1 1 0 1 1 0 0 1 0 0 0 1 0 1 0 0 1 0 1 1 1 0 1 1
1 0 0 0 0 1 1 1 0 1 1 1 1 0 1 0 1 0 0 0 0 1 0 0 0 0 1 0 0
1 1 1 0 0 1 1 0 0 0 0 1 0 1 1 1 1 1 0 0 1 0 0 1 1 0 0 1 1 1
0 1 1 1 1 1 0 0 1 0 1 0 0 0 0 0 0 0 0 0 0 1 0 0 1 0
0 0 1 0 1 0 0 1 0 0 0 1 0 0 0 0 1 0 1 1 1 0 1 0 1 0 0 0 1 0
1 0 0 1 0 1 1 1 0 1 0 1 0 0 1 1 1 1 0 0 0 0 0 0 1 0 0 0 1 0 1 1
1 0 0 1 0 0 1 0 0 0 0 1 0 0 0 1 1 1 0 1 0 1 1 1 0 1 1 1 1 0
1 0 0 1 0 0 0 1 1 0 1 0 0 1 0 0 1 0 1 1 1 0 1 0 1 1 0 0 0 1 1 1
0 0 0 1 1 1 0 1 1 1 0 1 1 0 1 1 1 1 1 0 1 0 0 1 0 0 1 1 1 0
0 1 0 1 1 0 1 0 0 1 0 0 1 1 0 1 0 0 0 1 1 1 1 0 1 0 1 0 0 0
0 0 0 0 0 0 1 0 1 0 0 0 1 0 0 1 1 1 0 0 0 1 1 0 1 0 1 0 0
1 1 1 0 0 0 0 1 1 0 1 0 1 0 1 1 1 0 0 1 1 1 1 1 1 0 1 1 1 0
1 1 1 0 1 0 0 0 1 0 1 1 0 0 1 0 1 0 1 0 1 1 0 0 1 1 1 1 1 0 0
0 0 0 0 0 0 1 0 0 1 1 1 0 1 1 1 1 1 0 0 1 1 0 0 1 0 0 0 1
1 0 1 0 0 0 0 0 0 1 1 1 0 0 0 0 0 0 0 1 1 0 1 1 1 0 0 1 0
1 0 1 1 0 0 0 1 0 0 0 1 0 1 1 1 1 0 1 0 1 0 0 1 1 1 1 1 1 0 1
1 0 0 0 0 1 0 1 0 1 0 0 1 1 1 0 1 0 1 0 0 0 0 0 0 0 0 1 0 1 0
1 1 0 0 1 0 0 1 0 0 1 0 1 1 0 1 0 1 0 1 1 0 0 1 0 1 1 1 0 0
```

二进制答题卷

第四节　随机数字

（一）项目介绍

目标：尽量记忆更多的随机数字（1、3、5、8、2、5等），并正确地回忆起来。

时间	城市选拔赛	中国赛	世界赛
记忆时间	无	15分钟	30分钟
回忆时间	无	30分钟	60分钟

记忆部分：

（1）计算机随机产生的阿拉伯数字，以每页25行、每行40位排列。

（2）数字的数量为现时世界纪录加20%。如果选手可以记忆更多的数字，须在比赛一个月前向组委会提出书面申请。

回忆部分：

（1）选手应使用组委会统一提供的完整清晰的答卷作答，以方便计分。

（2）选手必须将记忆的数字以每行40个的格式写出来。

计分方法：

（1）完全写满并正确的一行得40分。

（2）完全写满但有一个错处（或漏空）的一行得20分。

（3）完全写满但出现两个或两个以上错处（或漏空）的一行得0分。

（4）空白行数不扣分。

（5）如最后的一行没有完成（如：只写上 29 个数字），且所有数字皆正确，其所得分数为该行作答数字的数目（即 29 分于该例）。

（6）如最后的一行没有完成，但有一个错处（或中间漏空），其所得分数为该行作答数字的数目的一半。如为单数者调高至整数。例如，作答了 29 个数字但有一错处，分数将除 2，即 29/2=14.5，四舍五入，分数调高至 15 分。

（7）最后一行有两个或两个以上的错处（或中间漏空），则将以 0 分计。

（8）如出现相同的分数，计算选手答卷中已作答却没有得分的行数中正确作答的数字，每个数字为 1 分，分数高者胜。

（二）记忆方法

（1）参加比赛的选手一般都会使用数字编码。不仅如此，他们还会为每一个数字编码设定一个固定动作，如鹦鹉用爪子抓，鳄鱼用嘴咬，香烟用烫。固定动作的好处就是，你可以节约编故事的时间，缩短记忆联想的过程，提高我们的记忆效率。比如，记忆 1524 时，直接想到鹦鹉抓起了闹钟。再如，2021 就是香烟烫了一下鳄鱼。

（2）每天需要进行联结训练，一页 1000 数字联结完 10 分钟为合格线，7 分钟为良好，5 分钟为优秀，4 分钟为大神级别。

（3）地点必须要足够熟悉，只有地点非常熟悉的时候，我们记忆的过程才能更加流畅、不卡顿。何为熟悉呢？就是你在记忆数字或其他项目的过程中，全程都可以很流畅地完成记忆，不会发生想不起或比较难想起下一个地点是什么的情况。一般来说，100个地点在60秒内回忆完毕为合格。

（4）编码与地点之间的联结必须要简短，画面要简洁。每个地点上都是一段小故事，在欣赏这个故事的时候，尝试着加入自己的一些情感，如喜欢、厌恶、恶心、欣赏等，可以让你的记忆更加深刻。

为数字编码设定固定动作：

1		20		39		58	
2		21		40		59	
3		22		41		60	
4		23		42		61	
5		24		43		62	
6		25		44		63	
7		26		45		64	
8		27		46		65	
9		28		47		66	
10		29		48		67	
11		30		49		68	
12		31		50		69	
13		32		51		70	
14		33		52		71	
15		34		53		72	
16		35		54		73	
17		36		55		74	
18		37		56		75	
19		38		57		76	

77		83		89		95	
78		84		90		96	
79		85		91		97	
80		86		92		98	
81		87		93		99	
82		88		94		100	

热身训练，请用固定动作连接的方式对以下数字进行联结训练（不放地点）。例如：2078 用香烟烫青蛙，2146 鳄鱼咬饲料，等等。

1387 9878 4856 7852 3145 3678 1346 8732 0894 7108 9236 5784 8973 0982 7498 2037 5891 2635 9801 2738 9471 2039 8740 2983 6512 7809 3748 9012 7349 8127 3895 6123 7408 1273 8947 1235 6102 7348 1723 8561 0237 4891 7238 5610 2374 8126 3785 1620 8374 8102

休息 5 分钟。

继续第二轮：

9375 8236 4012 7384 0917 2389 5612 9803 7490 8237 4897 3701 4732 8956 1092 7340 9872 1930 8749 8216 3589 1273 4908 7123 8947 1209 8365 8921 7340 9817 2340 9871 2903 8471 0928 7348 7123 0487 1293 8472 0374 8658 2173 4809 1273 4987 2398 5128 6348 9721 0386 5170 2374 0127 3876 5724 7801 2389 5718 9273

固定动作联结是每天都要做的基本功，希望你能够坚持。在适应了固定动作之后，我们来尝试一下放地点进行记忆。可用自己的地点来尝试记住以下数字：

3245 6874 6416 3464 8794 5316 4786 9846 4546 4334

随机数字记忆卷

9	5	9	4	7	1	7	6	9	5	2	1	7	5	2	6	8	6	9	6	7	3	5	4	0	6	4	6	9	3	8	2	9	2	1	9	9	6	2	2	Row1
8	8	2	8	7	8	8	2	6	7	5	7	6	4	6	0	5	8	8	0	5	1	5	3	5	0	6	7	2	9	9	3	7	4	8	4	9	6	7	4	Row2
0	8	7	2	0	2	1	5	4	1	9	3	2	1	3	1	8	9	5	6	3	1	0	7	4	4	7	5	9	5	1	7	9	2	3	1	2	4	6	8	Row3
9	1	2	4	9	2	8	3	6	0	9	7	4	9	7	8	3	1	9	5	5	7	9	9	6	2	9	5	1	9	5	0	6	1	6	0	9	3	4	8	Row4
0	3	9	4	9	2	7	2	7	4	9	0	1	7	6	0	0	1	5	8	1	5	0	9	2	1	3	2	9	9	7	0	5	0	9	9	1	8	8	8	Row5
6	3	9	8	8	3	0	1	9	9	9	3	1	5	1	9	3	2	3	6	6	8	4	7	8	2	4	8	7	6	5	7	5	6	3	2	0	1	9	8	Row6
5	4	3	8	2	6	3	5	3	3	1	4	0	3	8	0	3	3	2	8	3	7	2	5	6	2	1	3	6	7	9	1	2	7	1	1	0	6	4	8	Row7
4	1	2	7	5	5	0	4	0	3	5	2	9	6	9	1	5	6	6	7	6	5	5	2	0	7	5	4	4	2	1	1	2	5	8	1	8	9	3	2	Row8
7	8	3	8	9	5	9	4	5	0	6	4	1	1	2	7	6	4	5	6	7	4	3	5	6	0	3	6	4	9	3	7	9	8	3	3	2	9	2	2	Row9
1	4	2	9	5	4	5	4	5	3	1	6	5	3	8	3	8	3	6	6	3	6	3	8	1	8	9	1	6	0	4	5	4	4	8	7	7	3	8	7	Row10
2	2	2	1	8	0	8	3	0	2	2	7	7	2	6	1	9	4	9	3	9	6	0	3	1	9	8	0	2	0	6	8	3	6	5	4	0	4	0	1	Row11
9	9	9	0	5	7	7	8	8	8	1	3	8	9	8	0	5	5	2	1	5	6	6	9	2	4	5	8	0	3	1	8	1	1	7	6	3	9	5	0	Row12
5	9	0	3	0	0	2	0	7	4	3	6	0	0	1	5	8	3	1	0	6	6	7	0	7	7	9	3	6	7	7	4	1	9	4	7	2	7	8	5	Row13
4	9	9	5	4	5	0	5	4	8	0	9	3	0	9	0	4	4	1	5	9	4	9	7	6	8	8	4	5	0	9	6	2	3	6	1	7	7	4	2	Row14
9	8	0	2	2	9	6	5	2	6	9	5	2	6	7	0	0	3	7	7	8	7	6	6	1	5	3	3	2	2	6	1	9	7	3	3	8	7	3	3	Row15
0	2	1	0	1	9	1	7	6	2	8	2	8	0	7	3	1	8	3	5	0	2	7	3	8	8	5	0	7	0	8	7	7	7	6	7	0	1	4	5	Row16
2	8	3	8	7	9	8	2	6	8	9	8	8	9	3	6	0	7	6	2	9	3	2	6	7	5	3	0	3	0	2	0	6	0	0	6	8	9	6	6	Row17
2	1	1	3	1	7	8	2	6	1	4	4	9	7	7	3	7	2	1	8	2	4	6	3	3	4	9	2	2	5	4	6	1	7	5	6	6	2	2	0	Row18
4	3	7	5	8	1	8	8	8	9	2	4	9	0	4	8	2	1	8	4	4	0	1	8	1	4	6	9	0	4	4	5	2	2	6	8	9	3	1	2	Row19
5	7	7	3	8	4	3	2	3	8	2	3	2	5	8	7	8	8	5	4	5	5	3	6	8	5	2	5	7	0	9	8	8	6	3	5	7	4	8	9	Row20
4	3	9	8	5	6	9	2	6	3	6	4	7	5	9	9	5	1	5	7	6	9	7	6	7	1	9	1	6	5	0	9	1	1	3	6	0	0	3	9	Row21
7	1	7	1	0	1	9	0	2	1	2	1	3	3	4	9	0	8	4	7	4	4	2	7	8	5	8	5	5	0	5	5	6	6	7	1	4	4	5	6	Row22
8	9	3	4	0	4	8	1	3	8	4	5	8	2	9	7	8	9	3	1	9	7	6	8	3	0	9	5	4	1	9	8	9	2	5	6	3	1	8	3	Row23
6	2	3	8	0	6	0	8	9	7	8	1	9	1	6	2	6	3	3	1	9	6	7	4	5	6	6	4	1	2	5	6	3	0	7	6	6	3	6	6	Row24
9	6	0	1	8	3	3	3	8	3	0	7	5	5	6	3	6	5	5	7	0	4	1	5	7	1	1	1	6	7	1	7	0	6	6	8	0	5	4	3	Row25

数字答卷

第五节　抽象图形

（一）项目介绍

目标：尽量多地记忆，并于回忆时将每行的正确次序标注出来。

记忆部分：

（1）每张 A4 问卷纸中有 50 个黑白图形，每行 5 个，共 10 行。这些图形按一定的顺序排列。

（2）每行独立计算分数。

（3）图形的数量为现时世界纪录加 20%。

（4）选手可选择问卷任意一行开始记忆。

重要提示：在该项目的记忆过程中，桌面上不能有任何的书写工具（如圆珠笔或铅笔）、度量工具（如尺子）和额外的纸张。

回忆部分：

（1）答卷的格式跟问卷格式大致一样，内容跟记忆卷的一样，只是每行的 5 个图形次序不一样，行与行之间的顺序是不变的。

（2）选手须在答卷上每个图形下用 1、2、3、4、5 写出原来问卷每行中的图形顺序。

计分方法：

（1）每行正确作答的得 5 分。

（2）答卷中如有一行有遗漏或错误者，该行倒扣 1 分，即得分为 –1。

（3）不作答或空白的行数不扣分。

（4）总分为负数者将以 0 分计。

（二）记忆方法

对于抽象图形，我们可以对其进行编码，转化成具体图像之后再进行记忆，编码的方法大概有以下三种。

（1）颜色。这类型的编码比较少，我目前只对三种颜色进行编码，黑色、灰色和黑白相间的；黑色可以编码成墨水，灰色可以编码成石板，黑白相间的编码成熊猫。

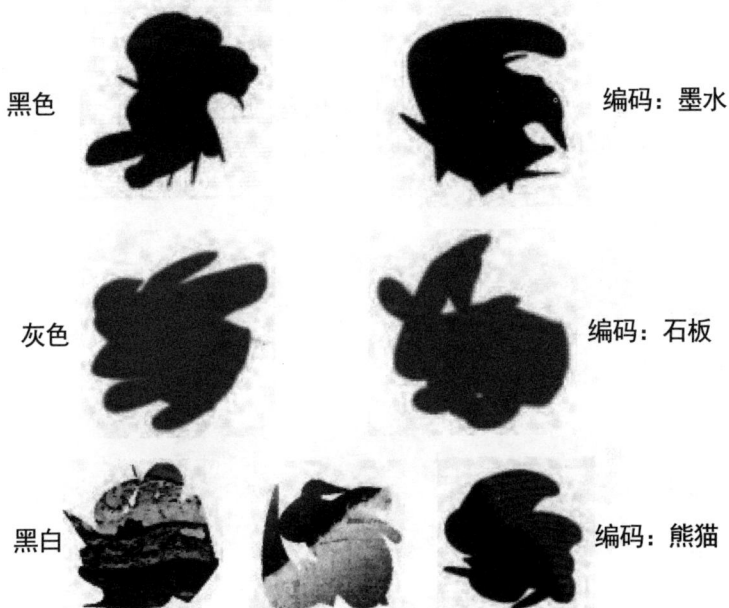

黑色　　　　　　　　　　　　　　　编码：墨水

灰色　　　　　　　　　　　　　　　编码：石板

黑白　　　　　　　　　　　　　　　编码：熊猫

（2）纹理。大多数编码都根据纹理的形式进行编码，纹理像什么就编码成什么。

编码：树皮　　　　编码：拉面

编码：油漆　　　　编码：瓢虫

（3）形状。当遇见没有进行过编码的纹理时，可以根据该图形的形状进行编码。常见的形状有以下几种：

像拐杖　  　编码：拐杖

像尾巴　  　编码：尾巴

像大象鼻子　   　编码：大象鼻子

整理属于你自己的编码表（以下纹理及形状是你在比赛过程中

一定会遇到的，请认真对其编码并熟练掌握）。

抽象图形记忆卷

续表

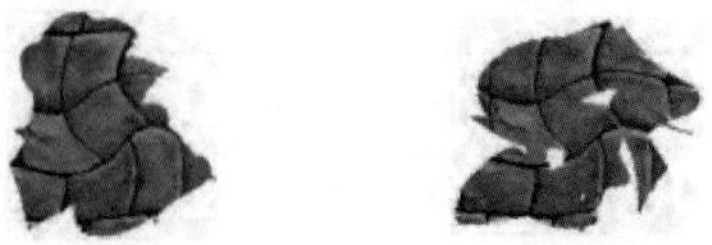	
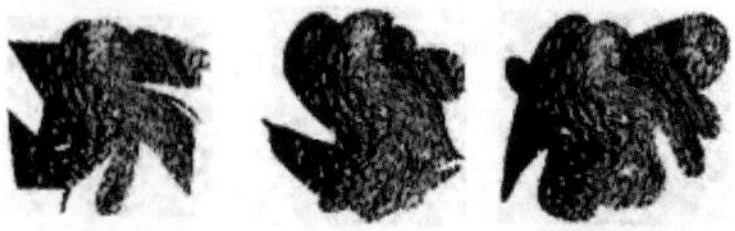	
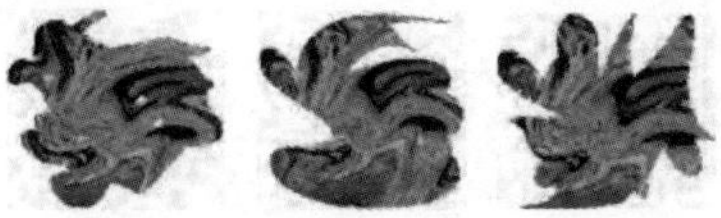	
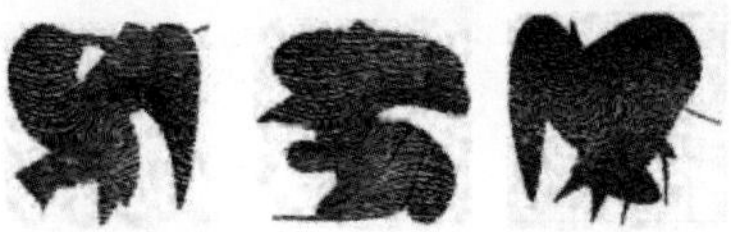	
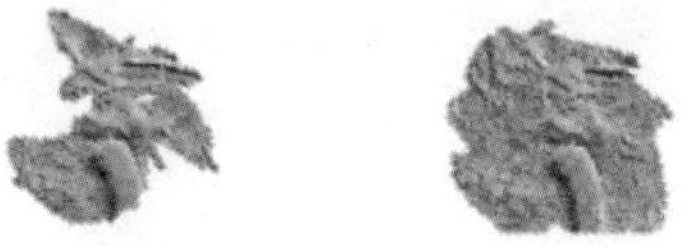	
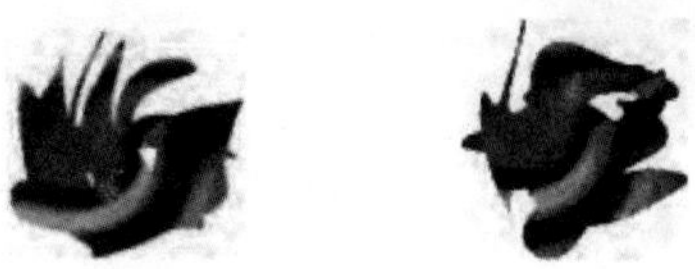	

第六节　快速数字

（一）项目介绍

目标：尽量以最短时间记忆最多的随机数字（1、3、5、8、2、5 等），并正确地回忆起来。有两次比赛机会。

时间	城市选拔赛	中国赛	世界赛
记忆时间	5 分钟	5 分钟	5 分钟
回忆时间	20 分钟	20 分钟	20 分钟
记忆次数	1	2	2

注：于第一轮过后将有短暂休息以方便计分，分数将于第二轮开始前公布给选手。

记忆部分：

（1）计算机产生的数字，以每行 40 位排列。

（2）数字的数量为现时世界纪录加20%。如果选手可以记忆更多位的数字，须在比赛前一个月向组委会提出书面申请。

回忆部分：

（1）参赛选手应使用组委会提供的答卷。

（2）参赛选手必须将记忆好的数字以每行40个的格式写出来。

计分方法：

（1）完全写满并正确的一行得40分。

（2）完全写满但有一个错处（或漏空）的一行得20分。

（3）完全写满但有两个及以上错处（或漏空）的一行得0分。

（4）空白行数不会扣分。

（5）如果最后的一行没有完成（如只写上29个数字），且所有数字皆正确，其所得分数为该行作答数字的数目（即29分于该例）。

（6）如果最后一行没有完成，但有一个错处（或中间漏空），其所得分数为该行作答数字的数目的一半。如有小数点则四舍五入。例如，作答了29个数字但有一错处，分数将除2，即29/2=14.5，分数调高至15分。

（7）如果最后一行有两个及以上的错处（或中间漏空），则将以0分计。

（8）该项目成绩如有相同的最高得分，则取另外一轮得分较高的一位。如另外一轮的得分皆为相等，裁判将参考每位选手的最佳那轮的额外行数（即作答了但得0分的行数）。每个正确作答的数字将获 1 分，分较高者胜。

（二）记忆方法

（1）快速数字的记忆主要强调"快"。因为记忆的过程比较短暂，记忆时速度会很快，所以在记忆过程中把握自己的记忆节奏是非常重要的，平时训练的时候就应该多练自己的节奏。除了记忆节奏以外，还需要控制时间回去复习。一般建议你记到 2 分半的时候就该回去复习了，全部复习完毕之后有多余的时间再接着往下记。

（2）快速数字项目一般有两轮机会。通常来说，第一轮我们会选择保稳的方式去记。即第一轮稍微记少一点，确保自己有个保底的成绩，第二轮再去冲平时训练的最好成绩。

（3）如果想提升快速数字项目的成绩，一是要多练读联（脑海中反应出编码及将编码进行联结），二是可以多练一分钟数字。练一分钟数字对自己五分钟数字水平的提升是非常有帮助的。

快速数字记忆卷

4	6	1	3	8	4	5	0	0	5	2	4	7	5	0	6	2	7	4	7	8	6	8	0	1	6	3	2	1	7	5	4	7	0	2	4	5	1	0	6	Row1
1	2	3	8	0	4	5	8	4	8	6	2	1	4	6	1	3	1	4	7	7	5	3	7	0	6	1	7	4	5	3	3	0	9	4	1	1	2	1	5	Row2
4	3	2	4	7	3	2	3	3	6	4	8	4	8	9	2	0	4	4	6	1	8	6	8	5	9	8	3	0	5	9	3	7	2	1	9	6	3	5	7	Row3
9	8	6	2	1	0	8	8	0	3	9	2	0	8	7	1	3	6	7	2	4	2	9	2	2	5	8	0	5	9	5	4	6	5	1	3	4	3	7	5	Row4
9	9	2	1	5	8	7	1	0	2	8	7	9	7	9	3	5	7	9	0	3	6	0	6	2	3	2	2	1	3	7	0	8	3	6	3	6	8	2	5	Row5
6	2	0	3	6	1	8	7	8	4	5	0	4	2	7	1	9	6	3	4	4	9	8	5	4	7	6	6	8	1	4	1	5	5	8	2	4	8	3		Row6
6	4	4	6	8	3	1	7	3	3	4	4	2	6	1	0	2	9	9	2	1	6	7	9	7	7	0	6	8	2	4	1	7	3	0	0	4	3	0		Row7
2	2	8	4	8	9	7	0	9	0	4	2	1	8	9	5	1	8	3	2	8	0	7	7	3	2	7	3	1	9	6	3	8	3	6	5	8	2	7	6	Row8
2	4	5	2	6	2	4	7	3	4	5	2	5	8	4	6	0	0	6	6	0	4	2	5	6	0	5	2	0	8	2	8	0	8	5	7	5	0	4	0	Row9
5	6	6	2	6	0	7	6	6	4	6	0	2	3	4	3	4	8	4	9	7	8	2	8	1	3	5	9	2	9	3	1	4	0	4	7	7	8	4	3	Row10
3	2	1	8	6	5	1	6	3	5	8	5	6	5	6	1	0	4	7	1	2	8	5	0	3	7	8	3	9	9	5	8	9	2	9	3	6	4	0	4	Row11

4	7	4	4	5	4	0	9	5	8	1	8	7	1	0	6	9	7	8	0	5	3	7	1	3	3	4	8	1	6	0	7	3	2	7	1	2	1	5	3	Row12
5	1	5	0	0	2	5	7	0	3	8	5	6	4	9	0	2	6	5	1	7	2	4	9	2	4	1	6	1	9	8	6	4	8	9	2	1	2	8	5	Row13
5	5	9	8	6	0	8	5	6	2	6	2	4	3	8	4	6	5	5	2	4	1	4	0	3	0	8	1	9	6	8	1	6	4	3	5	0	4	8	8	Row14
6	8	9	4	0	0	6	1	0	4	1	4	0	9	3	1	3	5	5	9	0	7	1	9	9	8	9	8	9	3	9	3	5	0	6	4	1	6	8	0	Row15
6	9	5	6	9	4	7	3	1	2	9	0	5	7	3	8	5	0	3	0	4	4	7	3	8	6	4	3	1	9	6	2	9	9	0	2	5	5	3	9	Row16
9	9	3	8	0	7	4	2	9	5	4	6	7	2	4	9	0	7	6	1	0	5	8	3	2	7	1	3	8	0	8	2	0	4	4	5	2	8	5	6	Row17
0	3	0	7	3	3	0	1	2	8	9	3	5	3	3	8	8	1	0	3	7	4	4	6	3	8	2	3	9	1	3	0	3	3	5	9	6	5	0	9	Row18

快速数字答卷

																																	Row1
																																	Row2
																																	Row3
																																	Row4
																																	Row5
																																	Row6
																																	Row7
																																	Row8
																																	Row9
																																	Row10
																																	Row11
																																	Row12
																																	Row13
																																	Row14
																																	Row15
																																	Row16
																																	Row17
																																	Row18

第七节 虚拟事件和日期

（一）项目介绍

目标：尽量多地记忆虚拟的历史事件的日期，并于回忆时将其写在相关事件的前面。

时间	城市选拔赛	中国赛	世界赛
记忆时间	5分钟	5分钟	5分钟
回忆时间	20分钟	20分钟	20分钟

记忆部分：

（1）问卷的年份数目为现时世界纪录加20%，每页有40个年份。

（2）事件的年份为1000~2099年，且同一份试卷不会出现同样的四个数字。

（3）所有事件和年份皆为虚构（如1938年签署和平条约）。

（4）事件年份位于问卷左方，而所有事件将垂直地随机排列，以避免以数字或字母次序排列。

（5）选手如果能记忆更多的事件日期，可在比赛前一个月提出增加数量的要求。

回忆部分：

（1）答卷每页会有40个事件。

（2）答卷事件的次序跟问卷中的有所不同。

（3）参赛选手必须将正确的年份写在事件前。

计分方法：

（1）每写一个正确年份得 1 分，整个年份的 4 位数字必须正确写上。

（2）每个事件前只可写上一个 4 位数字的年份，每个错误的年份会倒扣 0.5 分。

（3）空白行数不会扣分。

（4）总分四舍五入，即 45.5 分会调高至 46 分。

（5）如有相同的分数，则以较少错误的选手胜。

（二）记忆方法

目前已知比较好用的历史年代的记忆方法主要有以下三种：

1. 编码之间两两连接

这是最基本的记忆方式，将编码和事件中的关键词进行联想联结便可，比较简单上手，适合初学者。比如，1938 年，小明背着书包出门上学。这里我们选择"书包"作为关键词，联想联结起来就是：拿着药酒（19）泼到了妇女（38）的书包。

2. 三位数编码法

这是最好也是最难的一种方法，因为历史事件的时间都是 1 开头的，所以第一个数字可以不记。如果你用的是三位数编码，就可以仅把后面的三位数字转化成编码和关键词进行联结，简单明了。比如，1945 年，小红从事高空跳伞职业。前面的 1 不记，945 对应的编码是爵士舞，关键词跳伞，可以想象一个跳爵士舞（945）的人跑去跳伞了。

3.动作属性法

这种方法比较特殊，不同的人使用起来会有不同的效果，大家可以根据自己的喜好和记忆效果去确定用不用这种方法。把前两个数字都编码成动作，如1927，19的动作是揪，画面就是你揪着一只耳机。

11~20的动作如下：

11—咬　12—按　13—扇　14—撕　15—捂

16—拉　17—亲　18—抱　19—揪　20—烫

记忆：1638年，小明划船去上学。

联想：小明拉（16）着一个妇女（38）去上学。

历史年代试题

1357	作曲家获得了布鲁斯的版权
2085	最年轻大学毕业生仅10岁
2080	世上最后一条龙被屠杀
1475	古老的树被闪电击中
1230	顶尖的剧作家创作新作
1139	畅销书从书店下架
1168	昂贵的酒被喝光了
1987	捉鬼队死于惊吓
1312	宠物旅馆爆满
1969	猪肉短缺引起价格上涨
1141	种下橄榄树

1212	纸张被丢弃了
1487	蜘蛛逃离动物园
2054	蒸汽火车创下时速纪录
1484	镇书记被停职
1469	侦探侦破了犯罪案件
1118	战舰在战争中沉没
1116	在欧洲喝酒被认为非法
1975	花房发现神秘植物
1350	在暗礁发现新的鱼种
1770	园丁被食肉植物吃了
1971	鱼在洪灾中淹死了
1980	我家猫咪可乐 1 岁了

历史年代试题答卷

＿＿＿＿	在欧洲喝酒被认为非法
＿＿＿＿	捉鬼队死于惊吓
＿＿＿＿	世上最后一条龙被屠杀
＿＿＿＿	种下橄榄树
＿＿＿＿	作曲家获得了布鲁斯的版权
＿＿＿＿	园丁被食肉植物吃了
＿＿＿＿	我家猫咪可乐 1 岁了
＿＿＿＿	顶尖的剧作家创作新作
＿＿＿＿	昂贵的酒被喝光了

	蜘蛛逃离动物园
_____	最年轻大学毕业生仅 10 岁
_____	蒸汽火车创下时速纪录
_____	纸张被丢弃了
_____	古老的树被闪电击中
_____	花房发现神秘植物
_____	在暗礁发现新的鱼种
_____	畅销书从书店下架
_____	宠物旅馆爆满
_____	镇书记被停职
_____	侦探侦破了犯罪案件
_____	鱼在洪灾中淹死
_____	战舰在战争中沉没
_____	猪肉短缺引起价格上涨

第八节　随机扑克牌

（一）项目介绍

目标：尽量记忆和回忆多副扑克牌的顺序。

时间	城市选拔赛	中国赛	世界赛
记忆时间	无	10 分钟	60 分钟
回忆时间	无	30 分钟	150 分钟

记忆部分：

（1）选手可以使用自备的扑克牌（组委会另有指定的除外）。选手必须保证每副牌为52张，除去大小王，并且提前打乱顺序。

（2）扑克牌必须用盒子装好，贴上标签，并用橡皮圈绑好。每张标签上都应包括选手姓名和扑克牌记忆的序号，比如，某某某第1副，某某某第2副等。

（3）所有扑克牌用结实的袋子装好，在赛场报到处交给裁判保管。袋子上也要贴上标签，写上姓名、电话。

回忆部分：

（1）答卷上每页可写两副扑克牌。

（2）参赛选手必须在答卷上清楚标示所写的牌是第几副。

（3）参赛选手必须在不同花色的表格中，按照之前记忆的顺序，清晰地写上每副牌的数字和字母。

（4）注意：有些选手习惯把A、J、Q、K写成1、11、12、13。裁判可以算其对，但还是建议统一按照国际习惯来写。

计分方法：

（1）每副完整并正确回忆的扑克牌得52分。

（2）如有一个错处（包括漏空）得26分。

（3）两个或以上的错处得0分。

（4）两张次序调换的牌当作两个错处。

（5）即使没有回忆全部的扑克牌，也不会倒扣分。

（6）如果最后一副没有记完，例如，只记了前38张，且全部正确，则得 38 分。

（7）如果最后一副没有记完，且有一个错处，其得分为正确扑克牌数目的一半。如出现小数点则四舍五入。例如，作答了 29 张扑克牌，但有一错处，分数将除 2，即 29/2=14.5，然后调高至 15 分。

（8）最后一副扑克牌有两个或以上的错处得 0 分。

（9）如果出现相同分数，将比较选手已经记忆并且写出来却没有得分的扑克牌。每正确一张扑克牌得 1 分，分数较高者胜。

（二）记忆方法

扑克牌的记忆很简单，在有了随机数字的基础之后，我们只需要将扑克牌转化成对应的数字即可。其实记扑克就是记数字的过程。

扑克牌编码表

数字	黑桃 ♠	红桃 ♥	梅花 ♣	方块 ♦
A	11 梯子	21 鳄鱼	31 鲨鱼	41 蜥蜴
2	12 椅儿	22 双胞胎	32 扇儿	42 柿儿
3	13 医生	23 和尚	33 星星	43 石山
4	14 钥匙	24 闹钟	34 三丝	44 蛇
5	15 鹦鹉	25 二胡	35 山虎	45 师傅
6	16 石榴	26 河流	36 山鹿	46 饲料
7	17 仪器	27 耳机	37 山鸡	47 司机
8	18 腰包	28 恶霸	38 妇女	48 石板
9	19 药酒	29 恶囚	39 三角尺	49 湿狗
10	10 棒球	20 香烟	30 三轮车	40 司令
J	51 工人	52 鼓儿	53 乌纱帽	54 巫师
Q	61 儿童	62 牛儿	63 流沙	64 螺丝
K	71 鸡翼	72 企鹅	73 花旗参	74 骑士

扑克牌答卷

World Memory Championships
Cards Recall

Name : _____ WMSC ID : _____

A1

A2

Write the number or letter A(ce), J(ack), Q(ueen), K(ing)

Deck

	♠	♥	♣	♦
♠A 1				
♠2 2				
♠3 3				
♠4 4				
♠5 5				
♠6 6				
♠7 7				
♠8 8				
♠9 9				
♠10 10				
♠J 11				
♠Q 12				
♠K 13				
♥A 14				
♥2 15				
♥3 16				
♥4 17				
♥5 18				
♥6 19				
♥7 20				
♥8 21				
♥9 22				
♥10 23				
♥J 24				
♥Q 25				
♥K 26				
♣A 27				
♣2 28				
♣3 29				
♣4 30				
♣5 31				
♣6 32				
♣7 33				
♣8 34				
♣9 35				
♣10 36				
♣J 37				
♣Q 38				
♣K 39				
♦A 40				
♦2 41				
♦3 42				
♦4 43				
♦5 44				
♦6 45				
♦7 46				
♦8 47				
♦9 48				
♦10 49				
♦J 50				
♦Q 51				
♦K 52				

Deck

	♠	♥	♣	♦
♠A 1				
♠2 2				
♠3 3				
♠4 4				
♠5 5				
♠6 6				
♠7 7				
♠8 8				
♠9 9				
♠10 10				
♠J 11				
♠Q 12				
♠K 13				
♥A 14				
♥2 15				
♥3 16				
♥4 17				
♥5 18				
♥6 19				
♥7 20				
♥8 21				
♥9 22				
♥10 23				
♥J 24				
♥Q 25				
♥K 26				
♣A 27				
♣2 28				
♣3 29				
♣4 30				
♣5 31				
♣6 32				
♣7 33				
♣8 34				
♣9 35				
♣10 36				
♣J 37				
♣Q 38				
♣K 39				
♦A 40				
♦2 41				
♦3 42				
♦4 43				
♦5 44				
♦6 45				
♦7 46				
♦8 47				
♦9 48				
♦10 49				
♦J 50				
♦Q 51				
♦K 52				

第九节　随机词语

（一）项目介绍

目标：尽可能记忆更多的随机词语（如狗、花瓶、吉他等）并正确地回忆出来。

时间	城市选拔赛	中国赛	世界赛
记忆时间	5分钟	5分钟	15分钟
回忆时间	20分钟	20分钟	35分钟

记忆部分：

（1）每张问卷纸有5列，每列有20个广为人知的词语。当中大约有80%为形象名词，10%为抽象名词，10%为动词。

（2）词语从世界公认的字典中选出，基本都符合儿童、青少年和成人选手的认知水平。

（3）词语的数目为现时世界纪录加20%。

（4）选手必须由每列的第一个词语开始，依次记忆，记得越多越好。

（5）选手可自由选择记忆哪些列。

回忆部分：

（1）选手必须在提供的答卷上写上词语，务必保证字迹清晰可认，多用楷书，少用草书，以免增加裁判辨认和评分的难度。

（2）如果中间有漏写的词语，可以把漏写的词语写在旁边的空白处，并用箭头清晰地指明插入位置。

（3）选择中文简体试卷的选手不能用拼音、英语单词或者繁体字作答。

计分方法：

（1）如每列20个词语均正确作答，每个词语将得1分。

（2）如每列20个词语中有一处错误或漏写一个词语，得10分（即20/2）。

（3）如每列20个词语中有两个及以上的错误，或漏写两个及以上，得0分。

（4）如每列20个词语中写了错别字，则错几个扣几分。例如，把"斑马"写成"班马"，则扣1分，最后得分为19分。

（5）空白未作答的列不会扣分。

（6）如果最后一列没有写完，每个正确回忆的词语得1分。

（7）如果最后一列有一处错误或中间漏写一个词，则该列得分为正确回忆的词语数目的一半。

（8）如果最后一列有两处错误或漏写两个词，则该列得0分。

（9）如果一列中有一个记忆错误和一处错别字，那么该列的计分方式为满分先除以2，再减去写错别字的词语的分数，即20除2得10分，再减1，最后得9分。如果有两个词语写错别字就减2分，得8分。

（10）注意：记忆错误必须先于错别字错误扣分，否则9.5分会被调高至10分，即没有扣掉错别字该扣的分。

（11）总分为每列分数的总和。如总分有半分，则会四舍五入。

（12）如出现相同的分数，胜负将取决于作答了而没有得分的列。每正确作答一个词语得 1 分，分数较高者胜。

特别说明：如何裁定错误还是写错别字？

以下情况属于错误：

"相片"写成了"照片"；

"橘子"写成了"桔子"；

"橙"写成了"橙子"；

"录像"写成了"录相"。

虽然选手头脑中记忆的是同一个图像，但是文字的表达方式和试题不一样，这些都算是错误。

以下情况属于错别字：

"录像"写成了"录象"；

"编辑"写成了"编缉"。

选手头脑中记忆的是同一个图像，且文字的表达方式和试题一样，只是在书写过程中把空心笔画或者偏旁部首写错了，这就当错别字处理。

如果遇到有争议的情况，必须上报更高一级的裁判来裁定。

（二）记忆方法

前面我们提到过随机词汇主要由具体词汇和抽象词汇组成；具体词汇就是一些容易出图像的词，如桌子、电脑、黑板等，而抽象词汇是比较难在脑海中形成具体图像的，如兴奋、伤心等。记忆随机词汇，我们主要练习的就是抽象词语的转换。词汇的记忆方式和记忆数字是一样的，两个词汇放一个地点。下面是抽象词汇转换的几种方法。

（1）谐音。这是最常用的一种方法，把要记的词语转化成谐音，比如，"政治"谐音成"贞子"，"经济"谐音成"金鸡"，回忆的时候注意还原便可。

（2）代替。代替即是找和这个词语相关的东西去作为这个词的图像。比如，看到"力量"这个词后，我会想到"超人"，所以就用超人的图像代替力量。又如，看到"坚持"这个词我会想到坚持跑步，所以就用跑步的人的图像来代替坚持。用和这个词有关的物品去替代，这也是抽象转形象的一种方法。

（3）增减字。比如，由"身份"可以想到"身份证"，由"美国"可以想到"美国队长"，由"加勒比"可以想到"加勒比海盗"，等等。增加或减少一个字方便我们出图。

随机词语试题

玉龙山	迷迭香	欧芹	芥末	香菜
老板	自恋	忽布	生活条件	培根
杏	薄荷	雪碧	藏红花	松鸡
迷你裙	自助餐	沙丁鱼	芫荽	欧防风
太阳浴	可乐	袋鼠	影视片	夏天

土拨鼠	石松	丁香	辣椒	绣球
普通人	夜莺	翻译	夹克衫	莳萝
马赛克	豆蔻	章鱼	突破	肉桂
茴香	美洲豹	速溶咖啡	玩具	空中客车
三文鱼	鹦鹉	油漆	山葵	抱怨
洗发露	鼠尾草	席梦思	鹌鹑	零用钱
犀牛	土司	薪水	家庭收入	比基尼
沙丁鱼	特氟隆	汽轮机	竹芋	枪乌贼
润肤露	价值观	奶昔	画眉	蟾蜍
家庭	童工	工作效率	染发	金枪鱼
鲸	眉笔	熏鲑	护手霜	金额
白蚁	扬子鳄	护发素	豪华	衣柜
粉底	凤仙花	爱心	发胶	摩丝
龙舌兰	笑话	更大	粟	花朵
拉链	沐浴露	卷发器	彩妆	红鲤

随机词语答卷

第十节 听记数字

（一）项目介绍

目标：尽量多地记忆和回忆听到的数字。

时间	城市选拔赛	中国赛	世界赛
记忆时间	无	第一轮 100 秒 第二轮 300 秒	第一轮 200 秒 第二轮 300 秒 第三轮 550 秒
回忆时间	无	第一轮 5 分钟 第二轮 15 分钟	第一轮 10 分钟 第二轮 15 分钟 第三轮 25 分钟

记忆部分：

（1）试题为每秒播放一个英语数字的录音文件。在开始念数字前，先会播放 A–B–C。当 A–B–C 播放结束后，开始正式念数字。如 1、5、4、8 等。

（2）在最后一轮，录音中播出的数字数量是世界纪录加上 20%。

（3）录音播放期间不可有任何的书写行为。

（4）当参赛选手达到其记忆极限时，必须在其座位上保持安静，直到录音完全播完为止。

（5）如果由于某种原因受到外界的干扰而需暂停播放时，裁判会从暂停时间点前已经播放的5个数字开始重新播放，直至剩余数字读完为止。

例如：A–B–C–7–8–5–9–2–7–2–3–6–4–3–4–5–3–3–0–7–1–1–2–8。在最后那个8处因故暂停了，即这个8被干扰，大家没听清楚，则裁判会从这个被干扰的8前面的第5个数字，即从数字0处重新播放。

回忆部分：

（1）参赛选手须使用组委会提供的答卷作答。

（2）参赛选手必须从头开始，依次写上所记的数字。

（3）答卷会于记忆开始前放在选手桌下的地上。当录音播放完毕，裁判宣布开始作答后，选手方可捡起地上的答卷作答。

计分方法：

（1）从第一个数字开始算，每正确一个数字得1分。

（2）一旦选手有了第一个错误，即停止计分。例如：选手记忆了127个数字，但第43个数字错了，那么得分为42。如选手记忆了200个数字，但第1个数字就错了，得分便为0。

（3）在受到外界干扰的情况下，选手必须先能够正确写出重新播放录音前的所有数字，之后的那些数字才会被计分。例如：第一轮 100 个数字中，在第 47 个数字受到噪音干扰。录音会由第 42 个数字开始播放直至 100 个数字结束。在答题时，选手必须正确写上前 42 个数字，则余下的 58 个数字才会被计分。

（4）如果干扰来自某位选手，这对其他选手是不公平的。作为处罚，该选手将不能参加其他轮的听记数字比赛。

（5）在比赛中，如果多个选手获得 450 分，胜出者为其他一轮得分较高者，如其他那轮的得分也一样，胜出者则为余下那轮得分较高者。如那一轮得分也一样，结果为双冠军。

（二）训练方法

听记数字在最开始练的时候比较艰辛，但熟悉之后你会发现其实它并不是很难，遵循以下训练步骤，一步一步来，相信你可以很好地掌握这个项目。

第一步：首先训练英文转化图像，打开听记软件，将速度调到 1 秒 1 个的状态，认真听英文数字，每听完两个在脑海中要转化对应的编码图像，建议每天至少听 200 个。这个阶段只反映编码，暂时不练读联。

第二步：有了前面的训练之后，开始尝试去练听数联结，速度仍然暂时先控制在一秒，在经过一段时间的训练之后，可以尝试着将速度调至 0.7 秒 1 个，因为你大脑反应速度越来越快，再听回 1 秒 1 个的速度时你会觉得时间很充足。

第三步：有了前面的基础之后，我们就可以开始尝试着放地点去记了。这个时候要多总结经验，寻找自己的问题，进步才能快。

记忆时可以选择两个数字放一个地点，也可以选择 4 个数字放一个地点，根据选手个人的喜好去选择。

第十一节 快速扑克牌

（一）项目介绍

时间	城市选拔赛	中国赛	世界赛
记忆时间	≤ 5 分钟	≤ 5 分钟	≤ 5 分钟
回忆时间	5 分钟	5 分钟	5 分钟

注：有两次比赛机会，每次的牌均不一样，取成绩优秀的一轮。

记忆部分：

（1）选手使用自备的四副扑克牌（组委会另有指定的除外），选手必须保证每副牌为 52 张，除去大小王。用于记忆的两副要提前打乱，另外两副用于回忆摆牌的可以按照选手喜欢的顺序排列好。

（2）扑克牌必须用盒子装好，贴上标签，并用橡皮圈绑好。每张标签上都应包括选手姓名，第几轮，是记忆用还是回忆用的扑克牌。比如，某某某第 1 轮，记忆；某某某第 1 轮，回忆；等等。

（3）四副扑克牌要用结实的袋子装好，在赛场报到处交给裁判保管。袋子上也要贴上标签，写上姓名、电话。

（4）对于能在 5 分钟内记下一副完整扑克牌的选手，必须自备组委会认可品牌的魔方计时器。同时，组委会会安排一个裁判员检查计时器，监督选手整个快速扑克的记忆和回忆过程。

注意：选手需要在开始记忆前和监督裁判员确定以下几点：

（1）选手必须告知裁判从哪一张扑克牌开始记忆，即从面到底还是从底到面。一旦确定，不可在对牌的时候改变。裁判将根据之前约定的顺序对牌算分。

（2）选手必须事先告知裁判一个适当的信号以代表其完成记忆。例如，将手中记忆的扑克牌扣在桌面上，即代表记忆停止。当然，在选手人手都有一台魔方计时器的情况下，记忆何时结束都由选手自己控制。裁判在旁边起到监督和协助计时的作用。

（3）选手可于5分钟内的任何时候开始记忆。例如，当主裁判喊"开始"后，选手可以不用马上开始记忆。但是，当主裁判喊"停止"时，所有选手必须停止，并双手快速但轻盈地停止魔法计时器。

（4）扑克牌可以多次记忆，每次可记忆多张牌。但要注意，如果选手记忆结束并已经停止了自己的魔法计时器后，又重新拿起扑克牌记忆，那么，他的记忆时间记为5分钟。

（5）扑克牌必须在裁判视野范围内，即手必须高于桌子，不能放在大腿上记忆。

（6）在主裁判喊"开始"前的10秒钟内，选手才可以抓住扑克牌并准备好计时动作。

（7）选手如果在记忆的过程中擅自调整裁判之前洗好的扑克牌的顺序，属于违规行为，该轮成绩作0分处理。

（8）裁判未宣布5分钟的记忆时间结束，选手绝不能开始排列扑克牌。

回忆部分：

（1）记忆完成后，裁判把选手回忆的扑克牌放在选手面前。只有当主裁判喊"开始"后，选手才可以回忆摆牌。

（2）选手须将第一副扑克牌排列成已记忆的扑克牌的顺序。

（3）当5分钟回忆时间到，选手必须停止摆牌。

计分方法：

（1）裁判会按照和选手在记忆之前约定的顺序，从选手记忆的第1张开始对牌。两副扑克牌逐张比较，当出现不一样，即错误时，对牌停止。裁判在答题卡上记录选手正确的牌数。后面的扑克牌对多少、错多少张都不计入成绩。

（2）在最短的时间内准确地记下52张扑克牌的选手为冠军。

（3）如果选手正确的扑克牌数少于52张，其记忆时间统一记录为5分钟，即300秒，而所得分数为c/52，其中c是正确回忆的扑克牌数目。

（4）选手最终成绩为两轮中最佳成绩。

（5）如出现相同分数，另一轮得分较高者获胜。

（二）"史塔克"魔方计时器

"史塔克"魔方计时器是世界记忆锦标赛中指定使用的计时器。开启电源后，选手双手同时触摸感应区，红灯亮。当选手其中一只手，或者双手离开感应区时，绿灯闪烁，计时开始。

当选手再双手都触摸感应区时，计时停止。

组委会可以允许选手合理改造计时器，即先用物体压住计时器其中一边的感应区，只用一只手就可以控制计时器的开始和停止。

快扑（快速扑克牌）主要强调快，不仅是快，还需要你保证绝对的准确率，因为有一张错误就算失败。平时训练这个项目的时候我们很强调一遍过（即只看一遍）。一遍过的能力要强，准确率才能高。这个项目一般有两轮，所以在比赛过程中第一轮我们都会选择保稳，记慢点或者看两遍。第二轮再去冲刺自己平时的最好成绩。记忆过程中对于节奏的把握很重要。

选手个性编码表

牌名	黑桃♠	红桃♥	梅花♣	方块♦
A				
1				
2				
3				
4				
5				
6				
7				

牌名	黑桃♠	红桃♥	梅花♣	方块♦
8				
9				
10				
J				
Q				
K				

　　以上就是关于所有赛事项目的记忆方法，相信你经过认真深入的学习，也会像所有的世界记忆大师以及《最强大脑》选手一样，拥有过目不忘的超强记忆能力。世界记忆锦标赛被誉为《最强大脑》记忆选手的摇篮。这个比赛曾经诞生了许许多多优秀的记忆大师，下面是其中佼佼者的个人成长经历，让我们一起来看看小白是如何成为大神的！

第九章 顶尖记忆大师们的成才之路

第一节 胡嘉桦 ❶

2014年在《最强大脑》的影响下，我萌生了学习记忆法的兴趣，并开始在网络上自学记忆法。那一年中考之后，我在家附近的机构报名了一对一学习记忆法，花费相当高。可上了几节课之后，我发现老师讲授的内容和自己在网络上看到的内容并没有太大差别，因此停止了课程。而学习记忆法的热情随着《最强大脑》播出的结束和欢乐的暑假渐渐淡忘。

直到2015年，《最强大脑》第二季播出，我又重新点燃了学习记忆扑克牌的热情，每天中午在宿舍练习记忆扑克牌。我重新在网络上寻找练习资料，并找到了一个教授记忆法的公益QQ群，在里面学习到了很多知识，也交到了很多朋友，还知道了世界记忆锦

❶ 《最强大脑》之《燃烧吧大脑》第三季选手，2019世界记忆锦标赛中国赛亚军，2019中国台湾记忆公开赛冠军，2019中国澳门记忆公开赛总冠军，已出版图书《不可思议的记忆秘诀》。

标赛的存在，知道了参加比赛达到对应的标准就可以成为记忆大师。

在了解过后，我决定报名参加 2015 年的世界记忆锦标赛广州城市赛。当时我对除了记忆扑克之外的项目全都不了解，由于假期的惰性，在当年 8 月我才开始记忆数字编码，并渐渐开始练习其他项目，可以说准备很不充分就参加了那一场比赛，没想到一路顺利晋级到了世锦赛。

在那一年的练习之中，随着我的成绩不断进步，为了找寻一种在现实生活中得不到的优越感和自豪感，赢取他人的赞赏，我开始盲目追求记忆速度而完全忽视了准确率，也正是因此，我的基本功变得相当不扎实。直到比赛开始，我意识到自己的问题，虽然有及时做出调整，但已经为时太晚。在最后的比赛中，因为一些小失误，我和"记忆大师"失之交臂。虽然相当沮丧，但是那一年我赢取了父母的支持，结识了很多拥有共同兴趣的伙伴，增长了见识，我这样一个原本很不擅长说话的人，学会了主动和外界交流。

2016 年因为高考的缘故，我仅参加了香港记忆公开赛就暂时离开了记忆圈，直到高考结束之后才重新开始比赛之旅。恢复训练一个月之后，我参加了高考后的第一场比赛，然而比赛结果和我的预期相差甚远。由于太久没有练习，我还没办法一下子找回记忆的感觉。为了解决这个问题，我和几个小伙伴进行了为期 20 天的封闭式培训。随后开始了 2017 年的参赛之旅，去圆两年前未完的那个梦。和上一次相比，这一年我是幸福的，身边有了并肩作战的伙伴，3 年的沉淀也令我在比赛中开始渐露头角，拿下了越来越多的奖项，我的目标也渐渐从 IMM 变为 IGM。可惜年少气盛的我却因此而膨胀，在中国赛之后不愿意进行过多的训练，导致在最后的世锦赛上发挥失常，最终仅仅拿下了IMM。

2018年，我在我的学校建立了记忆协会，并且人生第一次出国参加比赛，去日本、新加坡参加了各种各样的比赛，也取得了越来越多的成绩，拿到了亚锦赛的总季军。在2018年的中国赛上，我第一次在比赛中达到了6000分，快速扑克进了20秒之内，成为我少年时期心目中高手的样子。可是同样的剧情又再次上演，膨胀的自信心使我在那一年的世锦赛上再一次遭遇滑铁卢，最终比出了全年最差的成绩。

2019年，我带领了学校记忆社的成员在暑期进行了封闭式的训练，并在8月开始了当年的参赛历程。这一年取得的成绩无疑是5年中最好的。我拿下了许多的全场冠军，其中也包括一个全国总亚军，成绩也从未低于6000分，甚至在澳门公开赛中，第一次发挥出来7000分以上的水平。可惜在那一年的世锦赛前我生了一场重病，在世锦赛上再一次遭遇滑铁卢，仅仅拿下了GMM。

在2019年的时候，我立下了我要连续参赛10年的誓言，2020是我的第6个年头，我从最开始因为好玩接触了记忆法，到后来的为了拿下记忆大师称号而训练，再到后来为了成为世界顶级的记忆选手而努力，又回到了如今的因为热爱而练习。也希望越来越多的人可以一直保持这一份对记忆比赛本身的热爱，而在这条路上一直走下去。

第二节 石彬彬 ❶

2020年2月，新冠肺炎疫情期间，我关在房间里，坐在电脑前，静静地敲出这段文字，回首我的记忆之旅，从一个普普通通的实验员，变身成为记忆界小有名气的"石神"，其实有点奇幻。

我从小在河北农村长大，属于那种很内向、有些愚钝的孩子，说得好听点叫大智若愚。五六岁的时候，妈妈在家教我数学，我怎么也学不会写数字4，被打了好几天，因此不喜欢上学，7岁才肯去上幼儿园，还经常逃学。

我的记忆力在同学当中算是比较好的，从小学到初中一路很顺利，成绩一直处于上游。这一时期，我最喜欢异想天开，整天幻想各种奇奇怪怪的事情。

初一入学的时候，因为个子矮所以坐在第一排，因为我们那时候小学是不学英语的，所以初中第一次接触英语，怎么也不开窍。当时的班主任就是英语老师，他让我妈妈每天给我听写单词。而我记单词特别快，这一招对我很管用，到第二学期的时候我的英语成绩就进入班级前三了。

---

❶ 国际特级记忆大师，第24届世界记忆锦标赛天津城市赛总冠军，第24届世界记忆锦标赛中国区总冠军，第25届世界记忆锦标赛中国区总冠军，并获封"中国脑王"，第26届世界记忆锦标赛全球总决赛世界总亚军。多次打破世界吉尼斯纪录并获得官方证书，3年时间比赛中共获得32金13银12铜。

初二开始，我的成绩进入班级前5、年级前30了，一直到初三，都很稳定，顺利考入高中。

高中三年的经历好多，许多痛苦和美好的回忆都深深印刻在我脑海里。高一我分到了文科班，但所有学科都要学习，高一结束时才会让我们自行选择文理科。高中学习压力重了，不过我们学校的管理是比较松的，适合我的性格。因为我的记忆力好，所以第一学期期末考试，整个年级五百多人，我轻松拿到了年级第4、班级第3。那个时候我偏科得厉害，喜欢理科，讨厌文科。

就在这时候，又发生了一件意想不到的事，"非典"来了，来得太突然，学校就被迫停课了。

这次停课一共持续了接近两个月，回到学校时已经快6月了，我们又开始紧张地学习，学期结束分班时我选择了理科班。

高二开始学理科之后，我算是如鱼得水，都是我很有兴趣的学科，成绩自然也就不会太差了。高二分班后换了英语老师，竟然是我初中的班主任，他教英语很专业，而且也很有前瞻性，他对我们的口语、语法、听力、单词量都有严格的要求。第一个学期，他给我们组织了几次四级词汇考试，就是单纯地考单词量。考试前两周他把四级单词都打印出来给我们，让我们课余时间自由背诵。那次考试我至今记忆犹新，户外考试，200个单词，都是难度比较大的，给我们一个小时的时间写单词的汉语意思，全场我第一个交卷，用时15分钟，而且最后成绩是满分。那一次真的让我感受到自己的记忆力确实比别人好很多，尤其是在英语上。这个经历也让我对学习更加有信心。

高二上学期期末考试，出乎所有人意料，我竟然考了个年级第一，这是我高中第一次得第一，还得到了 50 元的奖励。后来一直到高三，我的成绩再也没有出过班级前两名。当然，高三后期也有一些浮躁，有段时间不爱上自习，迷茫，导致高考失利，最终只考上一个普通本科大学。

那个时候对报考志愿都不太了解，也不知道自己的兴趣，所以选择了一个食品科学与工程专业。

进入大学后，我依然最喜欢英语，英语四六级考试也过得很轻松。我养成了读外语报纸的习惯，那时候主要看《21 世纪》，也看过很多古典名著以及英文原著。当时也有想过，以后从事英语方面的工作，但是又觉得自己跟英语专业的水平差很多，也就没再坚持下去。

2009 年大学毕业后，我曾从事过亚麻油检测、酱油醋生产、生物基因检测、实验室科研助理等工作。因为我不善言辞，不通人情世故，只会埋头做实验，所以工作中并没有突出表现。职场失意也使我越来越内向，越来越自卑。

2014 年年初由于在工作上实在看不到前途，我辞职离开了北京。那时正巧《最强大脑》第一季横空出世，里面有很多期都是关于记忆力的，它让我对记忆法萌生了兴趣，于是我找来了一些资料。通读了几十本图书之后，我了解了快速记忆的原理，也照着书上的方法，练练手。

现在回想起来，那段时间应该是我人生最迷茫的时候，毕业 5 年，换过 4 份工作，一直找不到方向。但事实证明，只要不放弃，人生总会迎来转机。7 月的一天，我在网上投简历时无意看到了一个培训班招英语老师的职位，我就投了个简历。两天后我收到了面试通知。面试过程中老师和我聊得很投缘，后来顺理成章地，我就留下来开始任实习小学英语老师。这份工作持续了 1 年零 1 个月，这一年是我毕业以来最辛苦的一年。这份工作一般是周一休息，周二到周五在单位备课和试讲，周末两天上课。这个时期，我渐渐爱上了记忆训练，因此每天晚上我会训练一个小时数字和扑克牌。这个过程虽然很枯燥，但是持续的进步让我越来越有信心。

2014 年 10 月的时候，我接触到了世界记忆锦标赛，由于当时自己训练时间太少，而且自学得很不系统，所以没报名第 23 届世界记忆锦标赛，不过我给自己定了一个目标：一旦参赛，目标一定是冠军。

2015 年是我努力沉淀的一年，白天上班，晚上下班后训练一个小时，每天如此。经过一年多的坚持，成绩有了很大的提高，至少我自己比较满意，觉得可以参赛试试水了。

2015 年 9 月，我破釜沉舟，辞掉了工作全力准备参赛。当时我记忆一副牌最好成绩已经达到 19 秒，5 分钟也能记对 480 个数字，人名和词语项目虽然只练过有限的几次，但都已经接近当时的中国纪录，唯一缺少的可能就是比赛经验了。辞职后，我在家考虑了几天要不要找一些实战的机会，再三考虑后，我带着上班一年多攒下的钱跑到了南方和一群记忆爱好者一起集训，每天互相切磋交流。一个多月的集训让我得到了系统的提升，主要是规则和心态上的适应。当时集训队员中的很多位如今都成了记忆大师，也进入了不同的行业，创造着属于自己的精彩。

2015年11月7~9日，我参加了天津城市赛，我给自己定的目标是十金。第一次参加正式比赛，赛前还是有些紧张的，因为当时看了一下其他选手的报名信息，有些选手填写的个人成绩是很不错的，我要拿冠军还是有些压力的。第二天比赛开始，第一个项目是人名头像，比完感觉状态一般，过了一会儿公布成绩的时候，我看到竟然排在第一位，瞬间有种如释重负的感觉。后面的项目我便有些信心了，因为我的强项都在后面。果然，接下来的比赛顺利了很多，每比完一项，我拿一项冠军，马拉松扑克牌是我最有可能打破世界纪录的项目，比赛前需要裁判帮忙洗牌，当时给我洗牌的是一个大姐，她一边洗牌一边笑着对我说：我今年手气可好了，祝你破纪录！可能就是这句话让我一下子放松了好多，等到这项宣布成绩的时候，主持人都很激动，全场都炸锅了。我初次参赛就打破了吉尼斯世界纪录，10分钟记住了7副零28张扑克牌。当时我特别激动，差点就泪洒赛场了。

两天的城市赛项目全部结束，我拿到了比赛十大项目10块金牌，同时马拉松扑克牌项目（10分钟）还打破了世界纪录，轻松拿到了海选赛天津城市赛冠军，总分6936分。这一成绩超过了历届很多中外高手的水平，我也成为这一届的海选赛全国冠军。当时海选赛的全国亚军成绩是 5200 多分。这场比赛给了我极大的信心，因为我之前从未做过 10 项模拟，我都不知道自己成绩有这么好。我开始有些期待后面的中国赛和世界赛了。

当我把拿到冠军的消息告诉家里时，电话那头，我妹妹一下子喊出来了，并大叫着告诉我爸妈。那一刻，我才真正得到了他们的理解，因为之前他们见我在房间里一个人整天闷头训练，还认为我疯了，现在他们终于知道，我做的事情是有意义的，不但可以养活自己，还带给我许多荣誉。

城市赛的兴奋之后，我马上进入了紧张的备战，因为我知道更强大的对手在后面，有很多高手是没有参加海选而直接进入中国总决赛的，其中包括很多明星选手以及往届的全国冠军。我拿着奖杯奖牌回到家待了两天，便又回到南方集训了。

2015 年 11 月 29 日 ~12 月 1 日，第 24 届世界记忆锦标赛中国总决赛在江苏昆山盛大举行。这次我的压力更大了，因为这次面对的对手是来自全国三十多个赛区的将近 600 位高手，其中还包括好几位《最强大脑》的明星选手以及往届的全国冠军。

这是我第一次参加大赛，最大的对手就是那些明星选手中的几位。第一天的三项（二进制、马数、人名）比赛过后，对手稍微领先，拿到了二进制数字和马拉松数字两个金牌，而我拿到两银一铜，前两项都稍微落后。但我在人名头像项目中扳回来一百多分，总成绩只落后他几十分。第二天（抽象图形、快速数字和马拉松扑克）对手分别拿到金、银、银。我发挥不错，成绩分别是铜、金、金。在快速数字项目中，我拿到了当次比赛的第一块金牌，记忆了504个数，打平了世界纪录，马拉松扑克项目我也以0.31副的优势战胜了对手。这时候我的七项总成绩也反超了。第三天算是最激烈的一天，因为后面三个项目都非常重要，而且偶然性很大。随机词语是我的强项，结果我拿到了银牌，对手拿到了铜牌；听记的时候我状态不错，第二轮对了200个，拿下了金牌。下午的快速扑克是重头戏，第一轮我小心翼翼地保稳发挥，30秒全对。这一成绩已经不错了，基本算是单项前三名了，这样一来，一颗悬着的心总算放下，冠军终于落入囊中。

经过三天的激烈比赛，最终我以3金4银2铜的成绩拿下总冠军，而我们所有选手也一起创造了中国赛以来的史上最好成绩。这次比赛后，我一战成名，大家给了我一个新的名字：石神。

2015年12月份中旬，我代表中国队参加了四川成都第24届世界记忆锦标赛世界总决赛。这个比赛中我有两个项目是可以打破世界纪录的：第一个是马拉松数字，当时的世界纪录是中国选手王峰保持的2660个；第二个是马拉松扑克，当时的纪录是英国人老本保持的28副。结果在宣布马拉松数字成绩的时候，比赛的创始人托尼·博赞说同时有三个人打破了世界纪录，当时我心里一直打鼓：因为我预估的成绩是能打破纪录的。首先宣布的是铜牌的获得者，当他说到China的时候，我心里咯噔了一下，然后就听到他说：Shi Binbin，2800个数字。听完我有点沮丧，虽然打破了纪录，却只得了第三名。后面他宣布了第二名2992个数字，蒙古选手；第一名，美国选手 Alex，3029 个数字。对此，我心里有点小小的失望。

第二天，在马拉松扑克比赛前，我在心里告诉自己，一定要稳住，发挥出我的最佳水平。比赛一开始我就进入了狂热的状态，全神贯注，飞速地翻牌、记忆。比赛中途我甚至都出汗了，赶紧把外套脱掉，继续快速地记忆。直到时间结束，我记完了 31 副牌，而且有 29 副牌是确定能得分的，剩下两副只有两张不太确定，但破纪录是没什么问题的。

第二天宣布成绩的时候，托尼·博赞先生兴奋地说：今天又有三个人同时打破了世界纪录，首先还是宣布铜牌，28 副零 4 张，美国选手 Alex；然后是银牌，28 副零 4 张；挪威选手 Oka；最后是金牌，第一名的成绩碾压了世界纪录，31 副。当他说出：China，Shi Binbin 时，全场都沸腾了，我站起来，向后面挥了挥手。那一刻，眼泪终于夺眶而出，因为我终于不仅打破了世界纪录，还拿到了一块宝贵的金牌。这也成了此次赛事中，中国选手拿到的唯一一块金牌。

最终，所有项目结束，我拿到了世界第五、中国第一的成绩。这就是我第一次比赛的神奇之旅。

这一年的比赛，我收获了很多以前做梦都不敢想的东西。站在国际赛场上，当各国选手向你投来羡慕和崇拜的眼神，当观众投以潮水般的掌声，那一刻你会觉得，所有的汗水都值得。2016 年，我在工作之余每天还是会保持一个小时的训练。我相信每一个选手都有一个冠军梦，我也不例外，所以我决定要继续参赛。

2016 年 11 月 9 日 ~11 日，第 25 届世界记忆锦标赛中国总决赛开战。这是我第二次参加中国赛了，心情却还是有些紧张，因为2016年我基本没有参加任何比赛：虽然6月成功入选美国XMT决赛，是中国唯一被邀请的选手，但由于签证问题没能参加。8月的香港赛也因航班延误错过了。只拿了一个极忆杯线上比赛的冠军。一年没上赛场，心里不免有些没底，何况赛前还听说当年有几匹黑马实力不凡（其中就包括苏泽河苏神）。

我最终以3金3银2铜卫冕了全国总冠军，打破了一项世界纪录（10分钟记忆扑克牌8副18张），同时还获封"中国脑王"。作为这次比赛的最大黑马，苏神第一次参加中国赛就拿到了总亚军。

2016年12月16~18日，我在新加坡参加第25届世界记忆锦标赛世界总决赛。可能是由于第一次出国比赛吧，比赛期间状态很差，前面项目很多失误，最后的快速扑克项目更是两轮全错，与前三名失之交臂，最终遗憾获得世界第七名。

2017年，8月27~28日，我参加了广州首届亚太记忆公开赛。这次比赛我准备得很不充分，赛前我就没有什么信心。最终，我以不大不小的差距夺得了全场总季军，获得4金2银3铜，也是此次比赛获得奖牌数最多的选手。

2017年12月6~8日，第26届世界记忆锦标赛世界总决赛在深圳举行。这次比赛可以说是高手云集。为了这次比赛，我花了一些时间改变了之前的一些记忆方法和习惯，战术上也做了调整。比赛的第一场人名头像，我和一位蒙古选手都是99分，但我的正确率较高，得了铜牌。然后第一天下午的马拉松数字项目，我和一位蒙古选手同时打破世界纪录，都是 3040 分，后来经过裁判团的反复核对，我由于较高的正确率拿到了金牌。这两次险胜让我有一种感觉，这次比赛，运气似乎降临到了我头上，我有一种要得冠军的预感。二进制数字项目也是一样，我改进了方法，成绩比亚太赛的时候有大幅提高，拿到了一块铜牌。来自蒙古的双胞胎姐妹双双破了纪录，总分反超了我，但是差距不大。

第二天的比赛中，我第一次在历史年代项目中使用新方法，发挥还不错，记了 131 个，得分 102 分，拿到了全场第二名。快速数字项目共两轮，第一轮我记了 536 个，却错了两行，只得到 456 分，暂居第二。在我以往的经验中，第二轮的成绩从来没有超过第一轮，因为第二轮使用的地点桩效果稍差一些。但是我知道，我必须要有信心，所以我在心里告诉自己，一定要全心投入，放空一切，争取打破魔咒。结果如我所愿，第二轮小爆发了一下，记了 528 个数字，只错了一位，扣了 20 分，最终得分 508，拿到了全场冠军。抽象图形项目 583 分，拿到了成人组第二名。下午是马拉松扑克牌项目。比赛时，我记完 30 副后，又拿起下一副牌匆匆看了一眼，一般选手都会死记两张牌，但是我留心了一下，记住了四张。结果出来后，我就因为多记那两张拿到了成人组的铜牌。第二天比赛就这样结束了，我感觉自己还是比较幸运的，每个项目都拿到了奖牌。

第二天晚上换了一个新房间，结果晚上怎么也无法入睡。我起来拉上窗帘，关掉所有的灯，还塞上了耳塞，又坚持了几个小时，依然没有睡着。一想到第二天还有两个重要的项目，我就陷入深深的恐惧，那种失眠到绝望的感觉，我想很少有人能体会。

第三天比赛开始，共三个项目，第一场是随机词汇，这是我的强项，但是我当时的状态已经有所下滑，强打精神也只记了268个，最后得分262个，但也拿到了金牌。接下来是听力数字，状态更差了，一再小心翼翼，还是出错了，没跟上节奏，最终只对了110个。这个时候，前9项的成绩我还是领先的，总分比蒙古双胞胎姐姐高200多分，暂列全场第一。最紧张的是下午的快速扑克牌项目，因为越往后，我的精神状态越差了。一夜没合眼，我的眼睛都快睁不开了。第一轮开始后，我恍恍惚惚地记完，一拍计时器发现都50多秒了，不过勉强全对了。第二轮更紧张了，因为我知道好像对手第一轮都正确了，而且比我快。但最终我还是没有快起来，以37秒9的成绩结束了比赛。比赛结束时我有点心灰意冷，感觉可能要输了。

颁奖典礼进行的时候，我一点也高兴不起来。虽然主持人一直在念我的名字——前面8个项目，我拿到了8块奖牌。最后要颁发总冠亚季军奖了，果然如我所担心的那样，我是总亚军，最可惜的是与第二名仅有5分之差。

最终，蒙古双胞胎中的姐姐以8035分获得总冠军，我则以总分8030获得世界总亚军，同时打破了一小时数字项目的世界纪录（3040个），并成为新的吉尼斯世界纪录的保持者。此次比赛我也是全场获得奖牌数最多的选手，3金2银3铜。同时我和苏泽河、李杨也帮助中国队再次拿到了团体冠军。2017年世界赛之后，我的官网排名上升到了中国第一、世界第五。这里需要提一下的是，2018年年初世锦赛组委会进行了新一轮的项目计分系数修正，我的官网成绩上升一位，排名世界第四。

现在回想起来，我对当时的失利也没有那么在乎了，因为人生终会有遗憾。我希望能把自己这些年的经验分享给更多的选手，帮助他们在记忆路上实现自己的梦想。近两年的世界记忆锦标赛中，中国选手展示出了非凡的实力，其中有几位新生代小选手潜力巨大。这是我们所有中国选手都期望看到的，同时也祝愿日后能有更多高手出现，带领中国记忆界走向更高峰！

第三节　邹璐建 ❶

大家好，我是邹璐建。从小到大要说自己感兴趣的东西也确实有一些，如田径、篮球、武术。但和记忆法相比，这些爱好只能说是感兴趣而已。我从没想过自己有一天也能因为一件喜欢的事情而不停地去琢磨、研究、探索，甚至于多少个梦中都会梦到自己在训

❶ 2016年国际特级记忆大师，2016年世界记忆锦标赛南昌城市赛总冠军，2017韩国记忆公开赛打破快速扑克中国纪录，2017菲律宾记忆公开赛总亚军并打破快速扑克中国纪录，2017马来西亚记忆公开赛总冠军并打破快速扑克中国纪录，2017第一届记忆九段总亚军并打破快速扑克中国纪录，2017世界记忆锦标赛中国总决赛总冠军，2017年世界记忆锦标赛打破快速扑克世界纪录。

练记忆法。回想起多年前的一场讲座，不由得感叹，得是多少的巧合凑在一起才能让自己找到一份喜爱的事情。

时光荏苒，距离 2015 年那场讲座也有 7 年的时间了。但我依然记得讲座那天既兴奋又遗憾的心情；兴奋是因为学校请来了王峰老师，遗憾的是自己没能去听那场讲座。如果那天的讲座时间没有和选修课时间冲突，我想我一定能占到一个好位子听王峰老师讲座。后来托朋友买到了王峰老师亲笔签名的书，我感到十分庆幸。因为如果没有这本书，我还不知道这辈子能不能找到一件自己热衷的事情。

读书那会儿我对阅读没有太大的兴趣，但是翻开这本记忆书，我竟然能一口气看完。这太神奇了，那种兴奋的感觉就如同伯牙子期相遇一般。不满于此的我开始不断地搜集有关记忆法的资料和书籍。也正是此时，我看到了"世界记忆大师"的资料，得知全球获得"记忆大师"荣誉称号的人数不到 300 人。

一开始，我对于获得"世界记忆大师"称号的人的态度是既羡慕又不以为意的。但当我投身于此之后，我才发现，为了一枚奖牌，其背后付出的努力多么令人钦佩。

我开始训练的时候，目标是在 18 岁生日前拿到"世界记忆大师"的称号，作为送给自己的生日礼物。但由于粗心，我竟是在贪睡中完美地错过了比赛时间。当时我已经克服了种种困难，包括蜗在楼梯间训练、面对众人的不理解和怀疑，对自己的训练成绩颇为沾沾自喜了。所以，当我知道自己竟然意外错过了比赛时间时，失落在所难免。

这给我留下了一个小遗憾。但我经过心态调整，知道与其放弃而更加遗憾，不如再准备一年，以更好的成绩回报自己的努力。于是，第二年我终于通过层层比赛，披荆斩棘地拿到了大师证。

同年，中国队也拿到了团队冠军。作为其中一员的我，感到无比自豪。此时，我已经完全改变了对于"世界记忆大师"的心态。我不再羡慕，却依然热爱记忆训练；我不再不以为然，因为我了解了其背后的艰辛。"很多时候我们低估了自己的能力，有些事情不是我们做不到而是我们不敢去尝试"。

我一直觉得自己无比幸运，能够找到一份热爱的事情，也希望各位能够找到令自己热衷的事情，并且为之奋斗。祝福大家早日找到并实现自己的理想。

第四节　张兴荣 [1]

我的记忆法启蒙是在大学的时候。2014 年年初我正在读大一，

---

[1] 国际特级记忆大师，两届中国记忆总冠军，打破 15min 数字中国纪录，打破 60min 数字中国纪录，打破 30min 二进制数字项目中国纪录，打破英文听记数字项目中国记录。目前听记数字项目中国纪录保持者，打破 30min 随机数字世界纪录。目前世界吉尼斯记忆纪录保持者，连续 2 次打破抽象图形世界纪录。2018 年第 27 届世锦赛中国赛总冠军，2019 年第 28 届世锦赛蝉联中国赛总冠军。2018 年 12 月官方排名亚洲第一、世界第三。2018 年 12 月世锦赛成人组总季军、团体总冠军。2019 年亚太记忆公开赛成人组总冠军、团体总冠军。2019 年第 28 届世锦赛抽象图形世界冠军、团体总季军。

那时看了《最强大脑》第一季，极其震撼——人的记忆力怎么可以好到这个程度？！于是我开始在网上疯狂搜索关于记忆方法的信息。大量查询之后，我发现这种记忆能力是可以后天训练的，舞台上的表演者有一个共同的称号"世界记忆大师"，但当时不知道在哪里可以学习相关的课程，内心似乎对这个称号也没有太多的追求，也就没有想着去考一个，只是把心思花在了对自己学习有帮助的实用记忆研究上。开学之后，我兴冲冲地跑去图书馆搜索关于记忆的书。我清晰地记得当时看到这些书的感受——我感叹自己对书的认识太浅了，原来世界上还有介绍记忆的书。我沉迷于这些关于记忆的书，大概了解了记忆的方法。依稀记得当时看的书还有王峰老师的《记忆王子教你轻松记》，那也算是我的记忆入门书。

我从书中的案例总结出一点：记忆是需要联想力的。联想可以将很多看似不相关的东西联系在一起，看到其中一个，就能想起另一个。我在小学的时候就知道自己联想力很好，所以我在学习记忆法的时候感觉很轻松，看完方法自己就能够实践。后来我在竞技记忆上取得了比较出色的成绩，也多少与此相关。我的记忆思维过程相对复杂，但是我的联想能力很好，能在瞬间完成很多联想，所以不仅记得稳，速度也不慢。我看书学习实用记忆方法之后，就开始在学习考试中有意识地应用。大学的时候，我几乎每门课成绩都在90分以上，很多记忆为主的科目都不用花费太多力气就可以考好，这和学习记忆方法有很大的联系。我过去就感觉自己记单词速度挺快，学了记忆方法之后，记得比以前更快了一些，主要是记得更牢了。

我真正开始决心参加竞技记忆是在 2016 年年初。当时我在想自己以后可以做什么、什么是我擅长又感兴趣的。我想到了记忆，这是我感兴趣，且有一定天资的领域。后来，我决定自己以后要在记忆这方面深入研究，拿到"世界记忆大师"称号——这个称号当时在我心中是至高的存在。我在网上报名了课程，真正开始系统地学习记忆法。也就是那时，我认识了任天杰、大天使等优秀的实用记忆法老师，也认识了世界记忆大师叶祥文老师。

2016 年 8 月中旬，我去重庆跟随叶祥文老师训练，两个月后参加了重庆城市赛，以大概 2400 分的成绩拿到了总季军。后来在中国赛拿到了大概 2700 分，未能晋级当年在新加坡举行的世界赛。

回到学校后，我准备考研，但在过年期间，我突然听说 2017 年的世界赛会在中国举办，我思考自己应该考研还是准备比赛，5 分钟后我下定决心——比赛。原因很简单，如果我参赛，我可以挑战自己的极限，如果我考上研究生之后再一边读书一边比赛，很可能达不到自己的极限。我自己也很想看看自己的极限在哪里。从小到大我自学过很多技能，乒乓球、书法、象棋等，都学得还可以，这次的记忆，我到底能达到什么水平呢？我不知道，但一定至少要拿到"国际特级记忆大师"。

2017 年 2 月，我去武汉强战队训练，10 个月的训练后，我拿到了"国际特级记忆大师"的称号。比赛结束，知道自己拿到 IGM 的时候，我并没有太开心，甚至比完赛第二天早上醒来，就好像什么都没发生过一样平静。我想是因为我虽然实现了当初的目标，但是并不十分满意。我本应做得更好，但是由于各方面原因却没有做到。

所以我决定2018年继续参赛，目标很简单——中国总冠军。2018年的上半年，我训练得比较少，因为白天要带学生，不允许训练，只能晚上抽空简单训练一会儿。好在自己的水平也在这短暂的训练中慢慢提升了一些。8月我开始全身心训练，水平进步很多。当年10月区域赛的时候，我看到韦沁汝同学的成绩已经超过8000分，这是我最强大的对手。我的学生调侃我说，张教练你去参加中国赛就是顺手拿个中国冠军。其实在我心里，拿到这个冠军，很难、很难。

2018年中国总决赛，广州大学城体育馆，三天的比赛，我和韦同学你追我赶。我打破了抽象图形、半小时数字世界纪录，领先在前，但在15分钟词汇项目中，我只对了72个，优势化为乌有。直到比快速扑克项目之前，我们的总分几乎是一样的。赛前，我独自一人走到体育馆外面散心，对自己说，"人生的机会和命运都掌握在自己手里，这个冠军我会拿到，但如果真的输给了这个强劲的对手，也值得了。"

比快速扑克项目的时候，我非常自信，因为我在赛前的一段时间，每天都会测试一轮保稳，时间稳定在25秒内，总是能够全对，所以我知道自己肯定能够发挥出自己的水平。比赛第一轮保稳，23秒全对，韦同学26秒全对，第二轮我俩冲刺双双失误，我也因此以3秒的微弱优势取胜，总分7691分，超越历届所有中国高手，问鼎亚洲第一，世界第三。我的目标实现了！

我在 2018 年参赛的初心，就是获得中国总冠军，所以达到这个目标让我开心了两周。不过我也冷静下来，我的能力是有机会冲击世界总冠军的，于是我开始坚定目标，冲击总冠。可惜当时最后一段时间，马拉松数字感觉不对，2017 年世界赛只记了 2880 个全对，马拉松扑克也极其不稳定。而为了冲击 8000 分以上的高分，我加快了快速扑克项目的记忆速度，想要稳定在 20 秒以内，但稳定性因此下降很多，即便是 25 秒，也难以保证全对。这也让我极为受挫。后来世界赛，我在快速扑克项目中正常发挥，两个马拉松项目却都发挥得并不理想，这也让我离世界冠军的目标越来越远，最终总分 7500 多分，位列全场第四，成人组第三。后来我反思了原因，大概是过于在意全国赛的成绩，专注于短时马拉松的训练，而忽略了长时马拉松训练。毕竟马拉松项目，不是一朝一夕可以练上来的。

2018 年，全国冠军的目标虽然已经达成，但终极目标却没有实现。我想自己应该要在 2019 年努力争取完成世界冠军的目标。不过人生的机会有时稍纵即逝。事实证明，2018 年世界赛是我离世界冠军最近的时刻。到了 2019 年，由于长期的训练，我已经对竞技记忆产生疲劳，无法再像以前一样亢奋地训练，有时候明显感觉自己虽然在训练，但是效率却不高。2019 年，在马来西亚亚太记忆公开赛中，我的成绩虽然仅次于韦同学，拿到亚军，但是却发挥得一塌糊涂。2019 年全国赛前期，我对训练充满了抵抗心理，但理智还是让自己继续训练了下去。我告诉自己，既然选择参赛，训练是唯一的选择。

2019 年全国赛我第二次拿到了全国冠军，但在世界赛中，我的成绩并不好，甚至有些失常。对此，我的内心也可以接受，因为确实是太疲惫了。我慢慢可以理解为什么我喜爱的乒乓球运动员到了职业生涯后期有种英雄末路的感觉，也理解了我心中象棋的不败神话许银川、围棋石佛李昌镐后期战绩也是平平。人都是会累的，对于一个已经取得过很多骄人战绩的选手，在已经疲劳的情况下，如果内心没有坚定的前进方向，那是真的无法坚持下去的。即便是坚持，也无法像曾经一样高效，这大概就是竞技的残酷吧。虽然我只是个小众领域的佼佼者，无法和乒乓球、象棋的世界冠军相提并论，但个中道理，大抵相似。